BÄRBEL OFTRING

IM GARTEN IST ES — NIEMALS STILL

BÄRBEL OFTRING

IM GARTEN IST ES — NIEMALS STILL

WER DIE SPRACHE DER PFLANZEN VERSTEHT, GÄRTNERT ERFOLGREICHER

KOSMOS

Bildnachweis

Mit 7 Illustrationen von Shutterstock/Evelinna: 90/91; Shutterstock/majivecka: 192/193; Shutterstock/NadzeyaShancuk: 8/9, 128/129; Shutterstock/Olga Axyutina: 2/3, 100/101; Shutterstock/Viktorya: 148/149.

Impressum

Umschlaggestaltung von Claudia Eder, Pocking, unter Verwendung eines Farbfotos von GAP Photos/Robert Mabic. Das Foto zeigt eine Blumenwiese mit Klee, Flockenblumen, Margeriten und Wiesen-Salbei.

Mit 7 Zeichnungen

Alle Angaben in diesem Buch sind sorgfältig geprüft und geben den neuesten Wissensstand bei der Veröffentlichung wieder. Da sich das Wissen aber laufend in rascher Folge weiterentwickelt und vergrößert, muss jeder Anwender prüfen, ob die Angaben nicht durch neuere Erkenntnisse überholt sind. Dazu muss er zum Beispiel Beipackzettel zu Dünge-, Pflanzenschutz- bzw. Pflanzenpflegemitteln lesen und genau befolgen sowie Gebrauchsanweisungen und Gesetze beachten.

Gedruckt auf chlorfrei gebleichtem Papier

ISBN 978-3-440-17009-0
Projektleitung: Carolin Küßner
Redaktion: Carolin Küßner
Gestaltung und Satz: typopoint GbR, Ostfildern
Produktion: Klaus Jost
Druck und Bindung: Print Consult GmbH, München
Printed in Slovakia / Imprimé en Slovaquie

FSC
www.fsc.org
MIX
Paper from responsible sources
FSC® C084279

Inhalt

Eine neue Perspektive

Lange Zeit galt mein biologisches Interesse vor allem den Tieren. Tiere zeigen Verhalten, tauchen auf und verschwinden wieder, sie singen, zirpen, wandern und wenn eine Amsel morgens ihr Lied singt oder ein Schmetterling von Blüte zu Blüte flattert, berühren Tiere mein Herz. All das gelang den Pflanzen nicht. Während meines Biologiestudiums verband ich Pflanzen mit Auswendiglernen von komplexen Bestimmungstabellen oder Stoffwechselzyklen von Fotosynthese und Co. Ich bewunderte Kommilitonen, die auf Exkursionen begeistert waren, wenn sie am Wiesengrund eine Ragwurz entdeckt oder eine Grasart genau bestimmt haben. Mein Reich war die Zoologie: im Meer, auf Helgoland, in Afrika, in der Savanne, im Wald, im Gebirge, im Garten, in der Stadt – überall begegnete ich ihnen, den geflügelten, gefiederten, befellten, gepanzerten, beschuppten Tierwesen. Pflanzen hingegen waren zwar schön anzusehen, ich umgab mich gern mit viel Grün in meinen Wohn- und Gartenräumen, fühlte mich wohl mit Pflanzen und staunte über ihre unbändige Kraft, wenn sie mit ihren zarten Pflanzenwkörpern harten Asphalt durchstießen, aber mein Herz ließen sie nicht höher schlagen.

Das änderte sich, als ich vor zwei Jahrzehnten damit begann, mich mit den Philosophien der nordamerikanischen Ureinwohner zu beschäftigen. Anders als die östlichen Philosophien, die sich mehr dem Geistigen zuwenden, ist ihre Philosophie auf der Erde verankert, im Hier und Jetzt, im Tagtäglichen. Zudem ist sie stark mit der Natur verbunden. Ihr Wissen halten die nordamerikanischen Natives in Medizinrädern fest, die ausgerichtet sind wie der Kompass auf der Erde – ein Rad mit den vier Himmelsrichtungen.

In diesem Rad sitzt die Sonne als Energiespender für alles Leben im Osten, die Erde als Planet und Boden der Sonne gegenüber im Westen. Im Süden befinden sich die Pflanzen und das Wasser, das sie unablässig durchströmt, im Norden schließlich die Tiere. Die Menschen haben im Zentrum Platz. Doch sind sie keine Sonne, um die sich alles dreht – vielmehr ist alles mit allem in einem lebendigen Netzwerk verbunden.

Diese Sichtweise hat meine Einstellung zu den Pflanzen verändert: Pflanzen sind ein gleichwertiger Teil aller Lebensgemeinschaften auf diesem Planeten. Ohne Pflanzen gäbe es kein Leben auf der Erde, Pflanzen formen den Lebensraum für die Tiere und für uns Menschen, Pflanzen nähren alle. Auch in der Evolution waren die Pflanzen die Vorreiter, denn sie erzeugten den lebensnotwendigen Sauerstoff, der bald die Atmosphäre füllte und ohne den kein tierisches und menschliches Leben möglich wäre. So eroberten auch die Pflanzen mein Herz, diese grünen Lebewesen, die so ganz anders ticken als die aus Fleisch und Blut.

Durch persönliche Erfahrungen und neugierige Erkundungen stieß ich immer weiter ins Leben der Pflanzen vor – sodass es mich schließlich nicht mehr wunderte, dass nicht nur Menschen und Tiere auf vielfältige Weise miteinander kommunizieren, sondern auch die Pflanzen. Wie reich und vielfältig und gleichzeitig anders geartet als tierische oder menschliche Sprache die der Pflanzen ist, möchte ich im Folgenden darstellen und verständlich machen. Es könnte auch Ihr Schlüssel zur Sprache der Pflanzen werden, zum Wohle Ihres Handelns in Natur und Garten. Denn im Garten ist es niemals still – und wer den Pflanzen ein bisschen zuhört, gärtnert erfolgreicher.

Bärbel Oftring

Die Sinneswelt der Pflanzen

Ein Einblick in eine uns fremde Welt, die der Pflanzen: In diesem Kapitel geht es um die Sinneswahrnehmungen und Sinnesleistungen der Pflanzen. Lange als pure Vegetation verkannt wissen wir heutzutage, dass Pflanzen tatsächlich Lebewesen mit feinen eigenen Sinnen sind. Sehr differenziert nehmen sie ihre Umwelt und das Treiben darin wahr, tauschen sich darüber sogar intensiv aus.

Pflanzen und ihre Sinne

Sehen, riechen, hören, tasten, schmecken: Mit diesen Sinnen erfassen wir Menschen die Umgebung um uns herum. Auch Tiere besitzen viele verschiedene Sinne – doch wie sieht das bei den Pflanzen aus?

Vielleicht sind Sie ja der Meinung, Pflanzen seien unempfindsame Lebewesen, die ungerührt vom Leben, ungerührt von der eigenen Existenz und der anderer Pflanzen und Tiere einfach nur „dumm" herumstehen und so vor sich hin wachsen, wenn es genügend Licht, Wasser und Nährstoffe gibt. Diesen Eindruck kann man auch erhalten, wenn man eine Pflanze betrachtet: Sie besteht aus Blättern, Stängeln und Trieben, manchmal hat sie Blüten, manchmal auch Früchte, aber sie besitzt weder Augen, Nase, Ohren noch Hände oder gar einen Mund zum Reden – und ihre einzige mit unseren Augen sichtbare Bewegung nehmen wir wahr, wenn der Wind durch die Äste und Zweige weht. Pflanzen sehen aus, als hätten sie keine eigenen Sinne und kein Bewegungsvermögen – von einem gegenseitigen Austausch ist keine Spur, denn Pflanzen tun ja nichts außer wachsen, blühen, Früchte bilden und verdorren. Vögel bauen ihre Nester auf ihnen und sie dienen Raupen, Kühen und anderen Pflanzenfressern als Nahrung. Sie lassen sich sogar ohne einen Muckser von Gartenscheren zurückschneiden oder von stärkeren Maschinen fällen, ohne dass es sie auch nur irgendwo berührt, ja ohne dass sie dieses sogar merken. Oder trügt dieser Schein?

Auch in der Wissenschaft herrschte sehr lange das Bild von dummen Pflanzen vor. Für den griechischen Philosophen und Naturforscher Aristoteles (384–322 v. Chr.), der schon damals die Tiere in blutführende und blutlose Tiere (Wirbeltiere und Nichtwirbeltiere) einteilte, waren Pflanzen keine Lebewesen im eigentlichen Sinne, sondern entstanden ähnlich anorganischen Stoffen durch Zusammenrinnen eines nicht näher bezeichneten Urstoffes. Weil seine naturwissenschaftlichen Gedanken unsere abendländische Kultur bis weit in die Neuzeit hinein geprägt haben, hat sich dieses Bild von nicht lebendigen Pflanzen tief in unseren Köpfen eingebrannt, wurde sozusagen mit der Muttermilch von Generation zu Generation weitergegeben.

Pflanzen haben feine Sinne

Die Vorstellung, Pflanzen könnten sehen, hören und sich sogar untereinander austauschen, ist uns fremd, aber genau so verhält es sich. Denn tatsächlich widerlegen zahlreiche jüngere Forschungen dieses alte, überkommene Bild von Pflanzen und zeigen, dass Pflanzen feinsinnige Lebewesen sind, die nicht nur auf vielfältige Weise ihre Umgebung wahrnehmen, sondern sogar miteinander kommunizieren. Das tun sie auf ihre ganz eigene pflanzliche Weise, denn sie ticken einfach anders als Tiere und Menschen. Für Pflanzen ist es genauso wichtig wie für Tiere und Menschen zu wissen, ob Tag oder Nacht, Sommer oder Winter ist, ob sie inmitten zahlreicher Artgenossen stehen oder allein auf weiter Flur, ob Gefahr droht oder alles „Friede, Freude, Eierkuchen" ist. Weiterhin nehmen die Pflanzen – so wie die Tiere und der Mensch – das wahr, was für sie in ihrer jeweiligen Lebenswirklichkeit relevant ist. Für ein Eichhörnchen ist es egal, ob in der Ferne Wölfe heulen – wenn aber eine Amsel vor einer herumstreunenden Katze mit lauten Rufen warnt, dann wird auch das Eichhörnchen hellhörig und tut alles, um der Katze nicht zu begegnen. So wie die Sinne von Tieren und Mensch sind die der Pflanzen genau an ihre Bedürfnisse angepasst, sodass die Pflanzen genau das wahrnehmen und mitbekommen, was wichtig ist für sie.

Jedes Lebewesen besitzt die Sinnesorgane, mit denen es die Informationen aus der Umgebung wahrnehmen kann, die für es wichtig sind. Für Unwichtiges, nicht Lebensrelevantes, sind die Sinnesorgane der jeweiligen Spezies nicht ausgelegt.

Pflanzen-Nerven

Pflanzen haben sogar Strukturen in ihrem Körper, die dem tierischen und menschlichen Nervensystem ähneln, ist sich Dieter Volkmann, emeritierter Professor vom Institut für Zelluläre und Molekulare Biologie der Universität Bonn, sicher. Über diese Strukturen können Pflanzen elektrophysiologische Signale von den oberirdischen zu den unterirdischen Pflanzenteilen leiten – das geschieht natürlich im langsam-gemütlichen Tempo der Pflanzen. Auch Stefano Mancuso, Professor an der Universität Florenz, und František Baluška vom Institut für Molekulare und Zelluläre Botanik der Universität Bonn sind davon überzeugt – sie gründeten daher die Internationale Gesellschaft für Pflanzenneurobiologie, genannt International Society für Plant Signaling and Behaviour.

Doch nicht alle Wissenschaftler teilen dieses Bild. Kontroverse Diskussionen über die Erkenntnisse, die sie bei ihren Versuchen, Experimenten und Studien gewonnen haben, ist das Wesen der Wissenschaft, seit es sie gibt. Denn das, was der Mensch in der Natur als wahr und real anerkennt, unterlag und unterliegt in allen Zeiten einem ständigen Wandel, so wie sich das Wissen um die Dinge ständig wandelt.

Info: Die Augen der Welt

Jedes Lebewesen besitzt die Sinne, die es braucht. Beispiel Augen: Bei vielen Tieren wie Füchsen, Eulen und anderen Raubtieren, die als Fleischfresser Beute erjagen, überschneidet sich das Sichtfeld beider Augen in einem weiten Bereich – denn nur dort, wo sich das Sichtfeld beider Augen überschneidet, kann binokular räumlich gesehen werden. Nur so können diese Tiere die genaue Position ihrer Beute in einem dreidimensionalen Raum wahrnehmen, um sie auch tatsächlich zu erbeuten. Gleichzeitig können diese Tiere besonders gut Bewegungen erkennen, da sie mehr Bilder pro Sekunde wahrnehmen als der Mensch. Das binokulare Sichtfeld des Menschen ist noch größer, denn ohne dieses könnten wir unsere

Hände nicht so wunderbar gebrauchen, wie wir es tun. Bei Pferden, Rehen und vielen anderen Pflanzenfressen hingegen stehen die Augen seitlich am Kopf, der Bereich des binokularen Sehens ist sehr klein, dafür haben diese Tiere fast eine Rundumsicht. Das ist auch notwendig, denn einerseits müssen diese Tiere ihre Pflanzennahrung nicht erbeuten, sie neigen den Kopf, schmecken die verschiedenen Aromen der Gräser und Kräuter, die ohne davonlaufen zu können am Boden wachsen, und beißen zu, andererseits können sie dank der Rundumsicht rasch jeden feindlichen Fleischfresser wahrnehmen, der sich ihnen nähert, auch von hinten.

So leiten Pflanzen Signale im Körper weiter

Beim Mensch und bei den Tieren sind die Nerven dafür zuständig, Signale und Informationen mittels elektrischer Impulse durch den Körper zu leiten. So dienen sie dem Informationsaustausch innerhalb eines Lebewesens. Pflanzen besitzen nachweislich keine Nervenfasern, die ihren Körper durchziehen – wie schaffen sie es dennoch, dass wahrgenommene Reize innerhalb der Pflanze an die Stellen im Körper weitergeleitet werden, wo die Informationen relevant sind? Tatsächlich stehen auch Pflanzen ständig unter (Mikro)Strom, denn sie greifen wie Mensch und Tier auf elektrische Signale zurück. Schon 1873 wies der britische Physiologe Sir John Scott Burdon-Sanderson nach, dass beim Zuklappen der Venusfliegenblätter elektrische Signale beteiligt sind, 70 Jahre später wurden diese auch in Algen nachgewiesen. Doch wie kann man sich diese Reizweiterleitung ohne Nervenbahnen vorstellen? Ganz einfach – Pflanzen brauchen keine speziellen Nervenbahnen. Forscher haben herausgefunden, dass nicht nur die äußere Membran der pflanzlichen Zellen elektrisch reizbar ist, sondern auch die Membran, die im Zellinnern die Vakuole umhüllt. Im Gegensatz zu Mensch und Tieren gibt es im Zellinnern der Pflanzen eine wässrig gefüllte Blase, die von einer Membran umhüllt ist – das ist die Vakuole. Sie ist ein Zwischenlager für wichtige Nährstoffe. Frisst nun etwa eine Raupe am Blatt, werden die betroffenen und angrenzenden Pflanzen elektrisch gereizt und geben diese Reizung von Zellwand zu Zellwand weiter. Das geschieht im gemütlichen Rhythmus der Pflanzen, nicht tierisch schnell. Gleichzeitig löst diese elektrische Stimulierung eine Kalziumwelle aus, die sich ebenfalls von Zelle zu Zelle ausbreitet und den elektrischen Impuls verstärkt. Forscher haben diese Kalziumwelle nachverfolgt – und siehe da: Wird ein Blatt angefressen, so steigt zunächst der Kalziumgehalt im betroffenen Blatt, dann im Nachbarblatt und wandert weiter in immer weiter entfernte Blätter. Dadurch können nach und nach die Blätter der Pflanze ihre Abwehrmaßnahmen hochfahren.

Wahrnehmen als Voraussetzung für Kommunikation

Wir tauchen auf den folgenden Seiten dieses Kapitels in die Welt der Pflanzen ein und beschäftigen uns damit, was Pflanzen überhaupt von ihrer Umgebung mitbekommen. Dazu schauen wir uns nacheinander die Sinne an, die eine Pflanze besitzen kann.

Sinneswahrnehmungen sind die Voraussetzung für Kommunikation. Denn um überhaupt kommunizieren zu können, muss man die Umwelt wahrnehmen – sich selbst und die anderen Artgenossen, die anderen Pflanzen, Tiere und die physikalischen Bedingungen, die gerade herrschen, Temperatur, Feuchte, Helligkeit etc. – also das, was eben für einen wichtig ist. So wie wir das tun: Wir nehmen wahr, wenn es nach Feuer riecht, weil das für unser Überleben wichtig ist und wir genau jetzt fliehen müssen, während wir das Magnetfeld der Erde nicht wahrnehmen, weil wir es nicht brauchen wie die Vögel für ihren jährlichen Zug ins Überwinterungsgebiet, oder wir nehmen kein UV-Licht wahr, weil es uns keine Infos über Wege auf den Blüten zum Nektar gibt – so verhält es sich auch bei den Pflanzen. Wir beginnen dabei mit den fünf Sinnen, die uns Menschen vertraut sind – mit dem Sehen, Riechen, Schmecken, Hören und Fühlen – und schauen, wie es dazu bei den Pflanzen aussieht.

Um Pflanzen und ihre Lebenswirklichkeit besser zu verstehen, müssen wir uns auch immer wieder von unseren menschlichen Vorstellungen und unseren Wahrnehmungen lösen. Stattdessen versuchen wir uns in eine Pflanze hineinzuversetzen, die Welt wahrzunehmen aus der Sicht der Pflanzen, ihre Lebensrealitäten und Bedürfnissen. Pflanzen als im Boden festgewachsene Lebewesen müssen den Umweltbedingungen trotzen, die vor Ort herrschen – sie können bei Sturm weder Unterschlupf suchen noch bei brennender Sommerhitze sich an einen schattigen Platz zurückziehen. Als Lebewesen, die ihre Nahrung selbst herstellen, müssen sie auch keine Pflanzen oder tierische Nahrung finden. Das alles macht den Unterschied.

Denn Pflanzen sind **nicht** wie wir! Sie sind eigene Lebewesen mit eigenen Sinnen und eigenen Lebensmustern, die Sie **nicht** mit den unseren vergleichen können! Sehen Sie nicht das Menschliche in den Pflanzen, legen Sie Ihre menschliche Brille ab und schlüpfen Sie in das Wesen der Pflanzen, stellen Sie sich vor, eine Pflanze zu sein und was sie braucht für ihr Leben! Das können Sie sogar ganz konkret in Ihrem Garten tun, indem Sie sich vorstellen, Sie seien der Apfelbaum oder die Tulpe oder die Herbstaster. Vielleicht eröffnen sich Ihnen dabei neue Sichtweisen auf das einzigartige Leben der Pflanzen. Für uns Gärtner hat das klare Vorteile: Wer die Sprache der Pflanzen versteht, kommt besser mit ihnen zurecht und kann besser für sie sorgen, gärtnert demnach erfolgreicher!

»Pflanzen sind eigene Lebewesen mit eigenen Sinnen und eigenen Lebensmustern, die nicht mit den unseren vergleichbar sind.«

Pflanzen können sehen

Sehen ist das Wahrnehmen von optischen Reizen, also von elektromagnetischen Wellen im für uns sichtbaren Bereich, dem Licht.

Sehen ist der Lichtsinn. Ohne wenigstens ein Fünkchen Licht wie etwa in der Tiefsee oder in einer stockdunklen Höhle ist Sehen von Dingen, Lebewesen oder Bewegungen nicht möglich. Zum Sehen reichen aber winzige Mengen Licht aus, für unsere menschlichen Augen etwa das Vollmondlicht zum Lesen.

Licht enthält für Lebewesen die entscheidende Information, ob es Tag oder Nacht ist – denn tagsüber scheint die Sonne mit einer Beleuchtungsstärke von bis zu 100.000 Lux (sonniger Sommertag), an bewölkten Wintertagen immer noch bis zu 10.000 Lux. Mit nur 0,25 Lux fällt selbst eine Vollmondnacht immens lichtschwacher aus als ein Tag. Dadurch sind Tag und Nacht in Bezug auf das Licht deutlich voneinander unterschieden. Künstliches Licht in Form von Straßenlaternen oder Außenbeleuchtungen gibt es erst seit wenigen Jahrzehnten. Weil Pflanzen nicht um das künstliche Wesen dieser Lichtquellen wissen, reagieren sie darauf so wie auf natürliches Sonnen- oder Mondlicht.

Im Tageslauf ändern sich die Lichtverhältnisse von der dunklen Nacht bis zum helllichten Tag mit Dämmerungsphasen morgens und abends an den Übergängen von Tag zu Nacht. Darüber hinaus ändert sich bei uns in den gemäßigten Zonen der Erde über die Jahreszeiten hinweg die Dauer von Tag und Nacht – eine weitere lebenswichtige Information für die Lebewesen, anhand der sie ohne Kalender wahrnehmen können, ob es gerade Frühling, Sommer, Herbst oder Winter ist. Nur wenn die Tiere und Pflanzen dies „wissen", können sie sich entsprechend auf die kommende Jahreszeit mit den durch die unterschiedliche Sonneneinstrahlung bedingten natürlichen Änderungen von Temperatur, Tag- und Nachtdauer und vieles mehr vorbereiten, zum Beispiel im Herbst der Wegzug der Zugvögel oder das Abwerfen der Blätter bei den Laubbäumen vor dem Wintereinbruch.

Darum verwundert es nicht, dass die allermeisten Tiere Licht wahrnehmen, also sehen können – recht einfach gebaute Lebewesen wie der Regenwurm besitzen zwar keine echten Augen, aber jede Menge Lichtsinneszellen, die wahrnehmen, ob es hell oder dunkel ist. Bei höheren Tieren war die Natur sehr erfinderisch und so gibt es quer durchs Tierreich eine große Vielfalt an verschiedenen Augen – wie Punktaugen (Ocellen), Facettenaugen oder Linsenaugen. Denn Sehen ist wichtig, für viele Tiere inklusive uns Menschen – und auch für die Pflanzen, wie Sie noch erfahren werden – ist Sehen der wichtigste Sinn! Viele tierische Verhaltensweisen sind gekoppelt ans Sehen wie beispielsweise die bunten Gefieder der Vogelmännchen zur Balzzeit, die rot- oder gelb-schwarzen Warnfärbungen von Marienkäfern, Wespen und anderen Tieren und auch unsere handwerklichen und technischen Fähigkeiten sind ans Sehen gebunden, die Augen kontrollieren dabei, was die Hände tun.

Pflanzen brauchen Licht zum Leben

Betrachtet man eine Pflanze, sei es eine Blume, ein Kraut, ein Busch oder einen Baum, so erkennen Sie keinerlei Augen oder augenähnliche Strukturen am Pflanzenkörper. Das schließt per se nicht aus, dass Pflanzen nicht sehen können – denn auch der Körper eines Regenwurms erscheint augenlos und dennoch kann er sehr gut hell und dunkel über winzige Lichtsinneszellen voneinander unterscheiden. Die Fähigkeit zu sehen ist also nicht an das Vorhandensein von Augen geknüpft.

Aus dem Stoffwechselgeschehen wissen wir, dass Pflanzen als Primärproduzenten das Licht der Sonne aufnehmen, um deren Energie für die Produktion von Zuckerverbindungen (Glukose) aus

Wasser und dem Kohlenstoffdioxid der Luft zu verwenden (siehe S. 21). Sie sind sozusagen die ältesten „Fotovoltaikanlagen" der Erde. Selbst daraus müsste jedoch nicht unbedingt folgen, dass Pflanzen Licht wahrnehmen. Sie könnten sich als blinde Pflanzen auch einfach von dem täglichen Flow an Sonnenstrahlen auf die Erde, der selbstverständlich und verlässlich seit Milliarden Jahren geschieht, wie von einer automatischen Dusche berieseln lassen und nach dem Motto leben: Wenn Licht da ist, wird die Fotosynthese angeworfen und produziert; wenn kein Licht da ist, eben nicht, dann bleibt die Kohlenhydratproduktionsfabrik geschlossen.

Info: Die Kraft der Sonne

Jeden Tag strahlt die Sonne auf die Erde, konstant treffen in jeder Sekunde 1.367 Watt Sonnenstrahlung auf jeden Quadratmeter der äußeren Atmosphäre. Der größte Anteil dieser Strahlung wird an der Atmosphäre zurück ins Weltall reflektiert. Dennoch erreichen unvorstellbar große Mengen an Sonnenstrahlung in einem ständigen Fluss die Erdoberfläche: Bei uns im Sommer sind es jederzeit 700, im Winter zur Mittagszeit höchstens knapp 250 Watt pro Quadratmeter. Auch bei bewölktem Himmel oder Regen bricht die Versorgung mit Sonnenstrahlen nicht ab.

Das dem nicht so ist und Pflanzen sehr wohl Licht wahrnehmen müssen, zeigen Ihnen schon einfache Beobachtungen in Haus und Garten: Pflanzen wachsen nämlich stets zum Licht. Bei den Zimmerpflanzen können Sie das besonders gut erkennen, denn die Pflanzen wenden sich mit ihren Trieben und Blättern eindeutig zum Fenster hin, dorthin, wo das Licht herkommt. Damit die Pflanzen im Lauf der Zeit nicht einseitig oder schief wachsen, empfiehlt es sich, diese hin und wieder zu drehen. Nur so können die Pflanzen ihre Wuchsrichtung ändern.

Schon ausprobiert? Versuch zur Wahrnehmung von Licht

Ein kleiner Versuch zeigt Ihnen das Lichtwahrnehmungsvermögen der Pflanzen: Stellen Sie eine Topfpflanze, am besten eine frisch gekeimte Bohnenpflanze, unter einen Pappkarton, in den sie an einer beliebigen Stelle eine Öffnung geschnitten haben. Nach wenigen Tagen erscheint der Trieb in der Öffnung, denn er ist gezielt zum Licht gewachsen. Dieser Trieb muss das Licht wahrnehmen können! Sie können in dem Karton zwischen der Pflanze und der Öffnung in der Außenwand ein paar Ebenen mit Löchern einfügen, sodass das Licht die Pflanze nicht direkt, sondern nur als diffuse Lichtquelle erreicht – auch in diesem Fall wächst die Pflanze zielgerichtet durch die Löcher dem Licht entgegen. Hat der Trieb das Licht erreicht, werden die Blätter so schnell größer, dass Sie dabei fast zugucken können. Nun kann die Fotosynthese starten und die Pflanze versorgt sich mit selbstproduzierten Zucker- und anderen Verbindungen. Entfernen Sie den Pappkarton um diese Versuchspflanze, so erkennen Sie einen sehr langen Trieb, der keine oder nur kleine, oft blasse Blätter trägt. Solche Pflanzen nennt man vergeilte Pflanzen. Die Pflanze hat ihre ganze Lebenskraft in das Wachstum des Triebs gesteckt, damit er das Licht erreicht und die Blätter mit der Fotosynthese beginnen können. Vergeilte Pflanzen können Sie ebenso im Garten entdecken, unter mit Folien abgedeckten Flächen etwa. Auch diese Pflanzen haben sich so lang wie möglich gemacht, um ans Licht zu gelangen.

Und eigentlich ist auch klar, dass Pflanzen als Fotosynthese treibende, das Licht als Energiequelle nutzende Lebewesen Licht wahrnehmen können müssen. Pflanzen sind sesshaft und im Boden verwurzelt, sie können dem Licht nicht hinterlaufen wie frei bewegliche Tiere. Licht ist für Pflanzen essenziell, um „satt“ zu werden (siehe S. 21), so wie es für Schleiereulen überlebensnotwendig ist Mäuse zu erbeuten oder für uns Menschen Nahrung zu uns zu nehmen. Ohne Licht gehen Pflanzen genauso ein wie Mensch und Tier ohne Nahrung. Doch wie können Pflanzen „sehen“?

Nach einem kurzen Exkurs zur Fotosynthese, um zu verstehen, warum Licht für Pflanzen ebenso essenziell ist wie für uns die Luft zum Atmen, geht es dann weiter auf Seite 23.

Aus Licht wird Nahrung

Als Zutat für diesen Fotosynthese genannten Prozess der Herstellung von Kohlenhydraten (vor allem Glukose) brauchen die Pflanzen Chlorophyll, das als Blattgrün vor allem Blätter, aber auch andere Pflanzenteile wie Stängel grün färbt. Chlorophyll ist ein komplexes ringförmiges Molekül mit einem zentralen Magnesiumion, das chemisch dem Hämoglobin mit zentralem Eisenion in unseren roten Blutkörperchen sehr ähnlich ist. Von Chlorophyll gibt es vom chemischen Aufbau her betrachtet mehrere Typen, bei den Pflanzen in Ihrem Garten sind es Chlorophyll a und b. Beide Chlorophylltypen haben jeweils zwei Wellenlängen, in denen sie ein Absorptionsmaximum aufweisen: Für Chlorophyll a sind es die Wellenlängen von 430 Nanometer[1] und 662 Nanometer, für Chlorophyll b sind es die Wellenlängen von 454 Nanometer und 643 Nanometer. Chlorophyll befindet sich in den Chloroplasten, die in den Zellen bestimmter Teile der Blätter (Schwamm- und Palisadenparenchym) enthalten sind und die Blätter grün färben.
Die Fotosynthese läuft so ab:

1. Bei Tag: Chlorophyll absorbiert die elektromagnetische Energie des Lichts der Sonne oder künstlicher Lichtquellen: Dabei nehmen die Chlorophylle a und b aber nicht das gesamte Lichtspektrum auf, sondern nur die jeweils geeigneten Wellenlängen.
2. Durch die elektromagnetische Energie des Lichts werden Elektronen im Chlorophyll freigesetzt und über eine Kettenreaktion schließlich in chemische Energie umgewandelt.

1 1 Nanometer = 10^{-9} m = 0,000000001 m

3. Bei Tag und bei Nacht: Diese chemische Energie wird genutzt, um aus dem reichlich in der Luft vorhandenen Kohlenstoffdioxid und dem aus dem Boden aufgenommenen Wasser Kohlenhydratverbindungen nach der Formel herzustellen: $6\ CO_2 + 6\ H_2O \rightarrow C_6H_{12}O_6 + 6\ O_2$ (6 Moleküle Kohlenstoffdioxid + 6 Moleküle Wasser → 1 Glukosemolekül + 6 Moleküle Sauerstoff).

Garten-Tipp: verschiedene Blattgrüns

Blätter sind grün, weil Chlorophyll a und b die elektromagnetischen Wellen der roten und blauen Wellenlängenbereiche aufnehmen – nur die grünen Wellenlängenbereiche werden nicht aufgenommen. Sie bleiben ungenutzt übrig und werden daher von unseren Augen als grüne Farbe gesehen. Bei den Laubbäumen in Ihrem Garten können Sie im Jahreslauf interessante Beobachtungen zum Chlorophyll machen. Die jungen Blätter im Frühling sind oft von gelbgrüner Farbe, denn sie enthalten vor allem das gelbgrüne Chlorophyll b. Zum Sommer hin verändert sich die Blattfarbe in ein dunkleres Grün mit Blauanteilen – nun überwiegt Chlorophyll a. Im Herbst werden die Chlorophylle abgebaut und in Stamm und Wurzeln als Vorrat für das kommende Jahr transportiert. Nun erscheinen in den Blättern die gelben und roten Carotinoide sowie die braunen Abbauprodukte der Chlorophylle, die in ihrer Gesamtheit die bunte Herbstfärbung ergeben. Panaschierte Pflanzen, die wegen ihrer grün-weiß gemusterten Blätter gern in Gärten gepflanzt werden, besitzen chlorophyllfreie Bereiche in den Blättern. In diesen weißen, manchmal auch gelblichen Bereichen kann die Pflanze mangels Chlorophyll keine Fotosynthese betreiben. Um dennoch ausreichend Nahrung herstellen zu können, wollen diese Pflanzen einen helleren Standort als die nichtpanaschierten Artgenossen.

Die bei der Fotosynthese produzierte Glukose ist eine Zuckerverbindung, aus der die Pflanzen alles herstellen, was sie zum Leben brauchen – Triebe, Blätter, Wurzeln, Holz, Blüten, Samen, Früchte und alle anderen Teile, die Sie an der Pflanze erkennen. Als Abfallstoff geben die Pflanzen Sauerstoff an die Luft ab. Somit sind Pflanzen in vielerlei Hinsicht die Basis allen Lebens auf der Erde: Sie nähren nicht nur alle Tiere (auch die Fleischfresser könnten ohne Pflanzenfresser nicht existieren) und Menschen, bilden (fast) alle belebten Lebensräume auf den Festländern und versorgen alle Lebewesen mit lebenswichtigem Sauerstoff. Vielleicht begegnen Sie, mit diesem Wissen in sich, den Pflanzen in Ihrem Garten und in der Natur mit etwas mehr (Hoch-)Achtung.

Blätter verraten den Lichtbedarf

Pflanzen haben Hunger nach Licht – und die Orte, die die Pflanzen satt machen, sind die Blätter. Bei einem Gang durch den Garten, und sei er auch nur in Gedanken, sehen Sie sofort, dass Blatt nicht gleich Blatt ist. Neben den verschiedenen Formen und Größen unterscheiden sich Blätter auch je nach Standort. Die Blätter der Sonnenkinder unter den Pflanzen sehen völlig anders aus als die der schattenliebenden. Blätter von sonnenliebenden Pflanzen sind meist kleiner, bei Lavendel und Rosmarin gar nadelförmig, zudem härter, robuster, steifer, ledriger und von dunkelgrüner Farbe, während die der schattenliebenden Pflanzen (Sauerklee, Maiglöckchen) meist größer und flächiger, dünner, zarter und von hellgrüner Farbe sind. Mit den großflächigen Blättern können Schattenpflanzen möglichst viel Licht auffangen, zudem fährt ihre Fotosynthese schon bei geringen Lichtintensitäten hoch. Sonnenpflanzen müssen sich durch den derberen Bau eher von den verbrennenden Wirkungen des Sonnenlichts schützen, außerdem genügen ihnen recht kleine Blattflächen für eine ausreichend große Fotosyntheserate – die auch erst bei höheren Lichtintensitäten startet. Bäume können in ihrer Krone sogar verschiedene Blätter tragen – am sonnigen Rand der Baumkrone und oben sind sie kleiner und härter, im schattigen Innern der Krone großflächiger und zarter.

»Wenn Sie sich neue Gartenpflanzen zulegen, schauen Sie sich auch die Blätter an – sie verraten Ihnen viel über den Lieblingsstandort der Pflanze.«

Die Lichtrezeptoren der Pflanzen

Schauen wir uns in der Forschung um, was Wissenschaftler zum Sehvermögen der Pflanzen herausgefunden haben. Schon der berühmte britische Naturforscher Charles Darwin (1809–1882) wusste, dass Pflanzen zum Licht hinwachsen wie er in seinem Buch „Das Bewegungsvermögen der Pflanzen" beschreibt – er wollte aber auch wissen, wo die „Augen" der Pflanzen sitzen. Dazu machten er und sein Sohn 1880 eine einfache, aber bemerkenswerte Versuchsreihe: In einem völlig dunklen Raum säten sie in einem Topf Saatgut von Kanarien- oder Echtem Glanzgras *(Phalaris canariensis)*, einem schilfähnlichen Gras mit Heimat Marokko und Kanarische Inseln, aus. Nachdem es gekeimt war, entzündeten sie im Abstand von 3,6 Meter zu den Pflanzen eine sehr schwache Gaslampe, die im dunklen Raum gerade so als Lichtquelle erkennbar war. Schon drei Stunden nach dem Entzünden dieser Lampe stellte Darwin fest, dass sich die Triebspitzen der Sämlinge zum Licht hingebogen hatten. Sie hatten also das Licht wahrgenommen. Nun wollte er wissen, welcher Teil in diesen kleinen Trieben lichtempfindlich sei.

Dazu wiederholten Darwin und sein Sohn den Versuch, behandelten die Sämlinge aber auf verschiedene Weisen. Eine Gruppe von Sämlingen blieb unbehandelt, bei der zweiten wurden die Triebspitzen entfernt, bei der dritten stülpten sie dunkle Kappen über die Spitzen der Triebe, bei der vierten waren diese Kappen lichtdurchlässig und bei der fünften bedeckten die Darwins den Bereich unterhalb der Triebspitze, in dem sich die Sämlinge bei ihrem Wachstum zum Licht hin gekrümmt hatten. Nach wiederum drei Stunden bei schwachem Gaslampenschein im völlig dunklen Raum, hatten sich nur die Sämlinge der ersten unbehandelten, der vierten mit lichtdurchlässiger Kappe und der fünften mit bedecktem unteren Triebbereich zum Licht hingebogen. Die Sämlinge ohne Triebspitze der ersten Gruppe sowie die der dritten Gruppe mit lichtdichter Kappe über der Triebspitze blieben gerade und wuchsen nicht zum Licht hin. Damit bewiesen die Darwins, dass die lichtempfindlichen Augen an den Spitzen der Triebe sitzen müssen. Wie diese Augen beschaffen sind, wie sie aussehen und funktionieren, konnte Darwin mit den Forschungsmethoden des 19. Jahrhunderts allerdings nicht herausfinden. Ich vermute mal, dass ihn das betrübt hat …

Info: Zum Sonnenlicht

Sonnenstrahlen sind elektromagnetische Wellen. Sie können sich diese ein wenig wie Meereswellen vorstellen. Und wie Meereswellen haben auch elektromagnetische Wellen verschiedene Längen sowie Höhen (Amplituden). Elektromagnetische Wellen mit sehr großen Wellenlängen von etwa einem Meter bis weit über einen Kilometer sind Rundfunk- oder Radiowellen, die mit großen Radioantennen empfangen werden. Radar- und Mikrowellen, etwa für Ihr Gerät in der Küche, haben Wellenlängen von einem Millimeter bis über zehn Zentimeter. Infrarotstrahlung – die übliche Wärmestrahlung in gleichnamigen Geräten – strahlt mit Wellenlängen von einem Mikrometer bis 0,01 Millimeter. Daran schließt sich der Bereich des für uns Menschen sichtbaren Lichts an: Wie ein Regenbogen umfasst er den Wellenlängenbereich von 400 bis 700 Nanometer. Immer kürzer werden die Wellenlängen in den daran anschließenden Bereichen der Ultraviolettstrahlung (UV-Licht), Röntgen-, Gamma- und schließlich Höhenstrahlung. Sonnenlicht erscheint weiß und farblos – dabei enthält es alle Farben des Regenbogens. Diese werden im Regenbogen sichtbar oder wenn Sie Sonnenlicht durch ein

Prisma oder durch einen der geschliffenen Glassteine, die Sie an Ihr Fenster hängen können, fallen lassen. Im Regenbogen geschieht dasselbe an den Regentropfen wie an Ihrem geschliffenen Glas – das Sonnenlicht wird in die verschiedenen Farben zerlegt. Die Farben des Regenbogens sind: Violett 400–450 nm / Blau, Indigo 450–490 nm / Grün 490–560 nm / Gelb 560–590 nm / Orange 590–630 nm / Rot 630–700 nm.

Im Bereich von 500 Nanometer ist die Intensität der Sonnenstrahlung am höchsten. Nun ahnen Sie vielleicht, warum Blätter grün und nicht blau oder rot sind …

Im menschlichen Auge sind fünf verschiedene Foto- oder Lichtrezeptoren für das Sehen zuständig. Solch einen Lichtrezeptor müssen Sie sich wie ein komplexes Eiweißmolekül vorstellen, das in einem ganz bestimmten Wellenlängenbereich empfindlich ist und in diesem empfindlichen Bereich gereizt werden kann. Diese Lichtrezeptoren sind in den nichtfarbwahrnehmenden Stäbchen oder den farbwahrnehmenden Zapfen der Netzhaut enthalten. Stark vereinfacht sind dies:

- Rhodopsin in den Stäbchen, ist zuständig für Hell-Dunkel-Sehen
- Fotopsin in den S-Zapfen: empfindlich im Wellenlängenbereich 455 Nanometer, nimmt Blauviolett wahr
- Fotopsin in den M-Zapfen: empfindlich im Wellenlängenbereich 534 Nanometer, nimmt Smaragdgrün wahr und deckt damit den Bereich zwischen blauem und orangem Licht ab
- Fotopsin in den L-Zapfen: empfindlich im Wellenlängenbereich 563 Nanometer, nimmt Gelbgrün wahr und deckt auch den Bereich des roten Lichts ab
- Cryptochrom: reguliert den Tag-Nacht-Rhythmus (circadianer Rhythmus)

Mit den modernen Forschungsmethoden des 20. Jahrhunderts konnten die Wissenschaftler die Suche nach den Augen bei Pflanzen fortsetzen – und sie wussten ja, wonach sie suchen müssen: nach komplexen Eiweißmolekülen, den Lichtrezeptoren, in den Triebspitzen.

Und sie wurden fündig, etwa bei einer der am besten untersuchten Pflanzen mit Modellcharakter, der Acker-Schmalwand[2] *(Arabidopsis thaliana).* In den 1980er-Jahren machte Maarten Kornneef an der niederländischen Universität Wageningen Versuche mit dieser Pflanze. Er erzeugte mittels einer Chemikalie verschiedene Mutanten von *Arabidopsis*, die er blauem, rotem und andersfarbigem Licht in unterschiedlichen Helligkeiten (schwach, normal hell) aussetzte. Diese Mutanten zeigten sehr unterschiedliches, auf den ersten Blick gar chaotisches Wachstum: Manche wurden bei blauem Licht viel höher als 30 Zentimeter (so hoch ist die normale Wuchshöhe dieser Pflanzen), bei rotem aber erreichten sie nur ihre normale Höhe, bei anderen Mutanten war es genau umgekehrt. Manche wurden bei rotem, blauem und UV-Licht viel höher als normal, andere nur bei schwachem oder nur bei normalem Licht, während sie unter anderen Lichtbedingungen höchstens die normale 30-Zentimeter-Höhe erreichten. Die Ergebnisse dieser Versuchsreihe lässt sich nur erklären, wenn man annimmt, dass Pflanzen mehrere Lichtrezeptoren besitzen – mindestens sechs müssen es sein, nämlich je einer für rotes, blaues und UV-Licht bei schwachem Licht und je einer für rotes, blaues und UV-Licht bei hellem (normalem) Licht. So wussten die Wissenschaftler, dass sie es bei den Pflanzen mit einer ganzen Reihe von Lichtrezeptoren zu tun haben werden.

---

2 Seit den 1940er-Jahren hat die unscheinbare Acker-Schmalwand *(Arabidopsis thaliana)* in der Pflanzenforschung den Ruf als „Fruchtfliege der Botanik". Denn dank ihres überschaubaren genetischen Materials, der kurzen Zeit zwischen Keimung und Samenreife von nur acht Wochen, der Anspruchslosigkeit an PflegeundStandort, dem zarten Wuchs sowie anderer Aspekte ist diese heimische Wildkrautpflanze ebenso gut erforscht wie die Fruchtfliege Drosophila unter den tierischen Organismen.

Garten-Tipp: LED-Pflanzenleuchte

Beim Kauf einer LED-Pflanzenleuchte sollten Sie darauf achten, dass diese rotes und blaues Licht ausstrahlt. Pflanzen nutzen vor allem diese Spektralbereiche: Viel rotes Licht lässt Blüten und Früchte gedeihen, viel blaues Licht lässt Pflanzen gesund und stark wachsen. LED-Pflanzenleuchten, die nur ein Farbspektrum von 400 bis 700 Nanometer aufweisen, fehlen wichtige Anteile von kurzwelligem, blauem Licht.

Verschiedene Lichtrezeptoren

Über die Jahre hinweg und dank der Molekulargenetik haben die Wissenschaftler bei Pflanzen elf verschiedene Lichtrezeptoren gefunden, also sieben mehr als der Mensch besitzt (und für diesen ist, sowie für die Pflanzen, der Sehsinn ja auch der mit Abstand wichtigste). Auch bei den Pflanzen sind die Lichtrezeptoren komplex gebaute, lichtempfindliche Eiweißmoleküle (Proteine). Pflanzen haben sehr hoch entwickelte Lichtsinnesorgane – bei einer Pflanze, für die Licht essenziell ist zum Leben und Überleben, wäre alles andere sehr verwunderlich! Schließlich müssen Pflanzen nicht nur wissen, wo das Licht herkommt – sie brauchen auch Informationen darüber, ob es sonnig oder schattig ist, ob es Morgen, Mittag oder Abend ist, ob der Tag kurz wie im Winter oder lang wie im Sommer ist, ob die Tageslänge von Tag zu Tag zunimmt (dann ist Frühling) oder abnimmt (dann ist Herbst) und vieles mehr. Durch die verschiedenen Lichtrezeptoren erhalten die Pflanzen genau diese Informationen und können ihren Lebenszyklus wie Längenwachstum oder Blühen daran anpassen und darauf abstimmen.Und hier sind sie, die Lichtrezeptoren der Pflanzen, eingeteilt in drei verschiedene Klassen:

Lichtrezeptoren 1: Fototropine

Diese Lichtrezeptoren sind die lichtempfindlichsten Rezeptoren. Sie sitzen an der Spitze der Sprosse und Triebe und werden schon durch geringste Mengen an Licht gereizt. Sie haben diesen Lichtrezeptor schon im Versuch mit dem Bohnensämling im Pappkarton kennengelernt. Fototropine sorgen dafür, dass die Pflanzen immer zum Licht wachsen. Der empfindlichste Bereich dieser Lichtrezeptoren liegt im kurzwelligen UV- und Blaubereich des Lichts, also etwa zwischen 320 und 500 Nanometer. Kurzwelliges blaues Licht gibt der Pflanze die Information, woher das Licht kommt und in welche Richtung die Pflanze wachsen muss, um dem Licht näher zu sein.

Über die Fototropine nimmt die Pflanze aber noch mehr wahr: Wird der Reiz an der Triebspitze langsam und dauerhaft schwächer, so erfährt die Pflanze dadurch, dass zum Beispiel eine andere Pflanze über sie drübergewachsen ist und sie nun nach oben zum Licht hin bedeckt. Die Pflanze kann nun gezielt schnell weiterwachsen und höher werden, um wieder optimal dem Licht ausgesetzt zu sein. Sie können dieses gut in Ihrem Garten beobachten: Artgleiche Blumen werden bei gleicher Versorgung mit Nährstoffen und Wasser an beschatteten Stellen, etwa am Gehölzrand, höher als auf der hellen Rabatte.

Diese vom Lichteinfall abhängige Wachstumsbewegung heißt auch Fototropismus. Während die oberirdischen Pflanzenteile wie Blätter und Sprosse dem Licht entgegenwachsen (positiver Fototropismus), nehmen die unterirdischen Wurzeln, die ebenfalls Fototropine besitzen, bei Lichteinfall den entgegengesetzten Weg – sie wachsen weg vom Licht (negativer Fototropismus). Dazu müssen die Wurzeln noch nicht mal direkt dem Licht ausgesetzt sein, Forscher um Sang-Gyu Kim vom MPI für chemische Ökologie in Jena konnten in Versuchen an der Modellpflanze Acker-Schmalwand *(Arabidopsis thaliana)* nachweisen, dass das Licht, das die Blätter und Triebspitzen empfangen, über die Leitbündel in den Stängeln zu den Wurzeln geleitet wird. So erhalten die Wurzeln stets die Information, wo das Licht einfällt und sie können vom Licht weg wachsen.

Garten-Tipp: UV-Schutzfolien

(Schau-)Fensterscheiben werden gern mit einer klar durchsichtigen UV-Schutzfolie bedeckt, da sie zum einen die hinter der Scheibe befindlichen Dinge vor dem Ausbleichen, zum anderen aber auch vor Vogeleinschlag schützt (Vögel können UV-Licht sehen und erkennen, dass die Scheibe ein „Wand" ist). Diese UV-Schutzfolien schirmen das kurzwellige UV-Licht mit einer Wellenlänge bis zu 380 Nanometer ab. Sie können eine solche UV-Schutzfolie auf die Scheiben Ihres Gewächshauses anbringen, damit Vögel nicht in die Scheiben fliegen, und müssen sich keine Sorgen machen, dass nun die darin angebauten Pflanzen kümmern. Da Fototropine vor allem für blaues Licht im Bereich von 380 bis 500 Nanometer empfindlich sind, bekommen die Pflanzen noch genügend Lichtreize zum Wachsen.

Lichtrezeptoren 2: Cryptochrome

Diese Lichtrezeptoren sind komplex gebaute Flavoproteine. Sie nehmen wie die Fototropine ebenfalls kurzwelliges, blaues Licht wahr – wenn sie gereizt werden, erhält die Pflanze aber andere Informationen über die Umgebung als bei der Reizung der Fototropine: Die Cryptochrome registrieren nicht, wo es hell ist, sondern wie lange es hell ist. Dadurch sind sie wie bei den Tieren für die innere Uhr der Pflanzen zuständig, mit der sich die Pflanzen an den natürlichen Tag-Nacht-Rhythmus anpassen. Für die Pflanzen ist es vorteilhaft, wenn sie tagtäglich nicht aufs Neue überrascht werden von der aufgehenden Sonne oder deren Untergang, von der Anzahl der Stunden mit oder ohne Sonnenlicht, sondern wenn sie durch eine innere Uhr sozusagen schon vorher wissen, was auf sie zukommt.

Bei vielen Pflanzen wie dem Gänseblümchen können Sie diese innere Uhr beobachten: Wenn es dunkel wird, schließen sie ihre Blüten, um sie am nächsten Morgen wieder zu öffnen. Das ist sinnvoll, denn nachts sind die Gänseblümchen bestäubenden Insekten nicht unterwegs. Dafür öffnen sich nachts andere Blüten wie die Nachtkerzen (siehe auch S. 190), denn sie werden von Nachtfaltern bestäubt, die während der Nacht fliegen. Auch andere Pflanzen zeigen sichtbar ihren inneren Tag-Nacht-Rhythmus: Glockenblumen etwa senken nachts ihre glockenförmigen Blüten, andere zusätzlich ihre Blätter.

Garten-Tipp: Tag-Nacht-Rhythmus dokumentieren

Mit Ihrem Smartphone können Sie den Tag-Nacht-Rhythmus gut dokumentieren, indem Sie in regelmäßigen Abständen Fotos von ausgewählten Blüten – zum Beispiel vom Gänseblümchen – machen. Wählen Sie dazu einen niederschlagsfreien Tag. Tagsüber genügt es, wenn Sie etwa alle 30 Minuten ein Foto machen, in den Stunden morgens und abends um Sonnenauf- und -untergang sollten Sie kürzere Zeitabschnitte von zwei bis fünf Minuten wählen.

Lichtrezeptoren 3: Phytochrome

Hinter diesem Namen verbirgt sich eine Gruppe verschiedener Eiweißmoleküle, die im langwelligen, also roten Spektralbereich empfindlich sind. Am empfindlichsten sind die Phytochrome im Wellenlängenbereich von 660 Nanometer – hellrot – und 730 Nanometer – dunkelrot.

Auf den ersten Blick erscheint das merkwürdig oder gar sinnlos, denn wozu könnte es für die Pflanze wichtig sein, Hellrot von Dunkelrot zu unterscheiden? Pflanzen sind ja keine Maler, bei denen es auf genaue Wahrnehmung zwischen einzelnen Farbnuancen ankommt. Erst die Beschäftigung mit der natürlichen Umgebung, in der die Pflanzen als sesshafte, nicht bewegliche Lebewesen ihr Leben lang stehen, zeigt die biologische Bedeutung, diese beiden Rottöne voneinander unterscheiden zu können.

Pflanzen sind das ganze Jahr über draußen. Dort sind sie nicht nur dem Wetter und den Ereignissen an ihrem Standort ausgesetzt, sondern auch dem beständigen Rhythmus von Tag und Nacht. Jeden Tag geht morgens nach einer Dämmerphase die Sonne auf, jeden Abend geht die Sonne unter und danach herrscht wieder Dämmerung, bis es ganz dunkel ist. Während der Dämmerungsphasen wird es nicht nur dunkel oder heller, sondern nach und nach verschwinden einzelne Farbkomponenten des Sonnenlichts. Betrachtet man nun, wie sich die Farbzusammensetzung des Lichts während der Dämmerungsphasen verändert, so ergibt sich: Bevor es abends nach der Dämmerung ganz dunkel ist, sieht man als letzte Lichtfarbe dunkelrotes Licht mit einer Wellenlänge von 730 Nanometer – morgens ist es genau umgekehrt: Das allererste Licht, das morgens die Dämmerung einläutet, ist dunkelrotes mit einer Wellenlänge von 730 Nanometer; dann erst kommt mit der hinterm Horizont höhersteigenden Sonne auch hellrotes Licht der Wellenlänge 660 Nanometer hinzu. Das ist immer so, egal ob der Himmel wolkenlos oder wolkenverhangen ist, ob es regnet, stürmt oder schneit. Sie beginnen schon wieder etwas zu erahnen, nämlich weshalb es vor Sonnenaufgang Morgenrot und nach Sonnenuntergang Abendrot gibt (und nicht etwa Morgengrün oder Abendblau).

Aus Sicht der Pflanzen sieht das so aus: Abends sieht die Pflanze als allerletztes Licht, bevor die Schwärze der Nacht beginnt, Dunkelrot und am Morgen sieht sie nach dem Dunkelrot stets Hellrot – und durch die Phytochrome, die genau in diesem Bereich empfindlich sind, kann sie diese beiden unterschiedlichen Lichtsignale nutzen, um festzustellen, wie lange die Nacht dauert. Wenn die Pflanze am Ende des Tages Dunkelrot sieht, weiß sie, dass nun die Nacht beginnt und sie geht in den Ruhemodus. Sieht die Pflanze am nächsten Morgen Hellrot, beginnt für die Pflanze der Tag und sie schaltet ihren „Motor“ an. Der An-Aus-Schalter sind die Phytochrome. Sie sind besonders raffiniert gebaut und enthalten sogar eine

Art Sicherung: Das hellrote Licht am Morgen aktiviert die Phytochrome, die nun in einer Form vorliegen, in der sie nur für Dunkelrot empfindlich sind, aber nicht mehr für Hellrot (was es in der Natur nicht gibt, wohl aber unter Versuchsbedingungen, wie in den Versuchsreihen zu Kurztag- und Langtagpflanzen dokumentiert ist, siehe S. 36). Das dunkelrote Licht am Abend deaktiviert Phytochrom, sodass es nun empfindlich ist für hellrotes Licht. Dieses aktiviert morgens Phytochrom, das nun empfindlich ist für dunkelrotes Licht am Abend. So erfährt die Pflanze perfekt, wann abends das Licht ausgeht und wann es morgens wieder angeht. Damit registriert die Pflanze die Länge der dunklen Phase, der Nacht.

Versuche, mit denen Harry Borthwick und seine Kollegen des US-Landwirtschaftsministeriums in den 1950er-Jahren begannen, belegen dies wissenschaftlich. Doch wozu ist es für Pflanzen wichtig zu wissen, wie lang Tag und Nacht sind? Zum Beispiel, um wahrzunehmen, wann es Zeit ist, zeitgleich mit den Artgenossen zu blühen, weil es nur so mit der gegenseitigen Befruchtung klappt.

Garten-Tipp: Lieblingslicht der Pflanzen

Viktor Injuschin, Leiter des Lehrstuhls für Biophysik an der Universität Alma-Ata in Kasachstan, ist davon überzeugt, dass Pflanzen arttypisch auch bestimmte Wellenlängenbereiche aus dem Spektrum der Sonne herausfiltern können. Diese Pflanzen „ziehen" noch mehr elektromagnetische Energie aus dem Licht der Sonne, das sie zusätzlich zu den Absorptionsmaxima der Chlorophylle für Fotosynthese nutzen – somit können sie schneller wachsen. Den Studien Injuschins zufolge können Radieschen zusätzlich noch blaues Licht, Sonnenblumen noch violettes Licht und Zwiebeln noch oranges Licht aufnehmen. Sie könnten diese Pflanzen mit ihrem Lieblingsfarblicht bestrahlen und hätten größere Ernten. Sie können auch testen, welche Lieblingsfarben die anderen Pflanzen in Ihrem Gemüse-, Kräuter- und Obstgarten haben …

Jahreszeiten wahrnehmen

Alle Pflanzen im Garten sind dem natürlichen Rhythmus der Jahreszeiten ausgesetzt, dem kalten Winter mit dunklen Tagen, dem wechselhaften Frühling mit steigenden Temperaturen und jeden Tag mehr Lichtstunden, dem warmen Sommer mit kurzen Nächten und dem wechselhaften Herbst mit fallenden Temperaturen und Tag für Tag weniger Lichtstunden. Mit diesem Rhythmus müssen die Pflanzen klarkommen und ihre Lebensfunktionen – Ruhen, Wachsen, Blühen, Samenbilden und Vergehen – daran anpassen. Jede Pflanzenart hat ihren eigenen Ablauf dieser Lebensfunktionen. Während Schneeglöckchen schon ganz früh in den ersten Lücken zwischen abtauendem Schnee aufblühen, öffnen sich die blauen Wegwartenblüten erst im Hochsommer. Damit die Bestäubung, egal ob Wind oder Insekten den Pollen transportieren, funktioniert, müssen alle Pflanzen derselben Art zur selben Zeit blühen wie ihre Nachbarn. Um diesen gemeinsamen Blühtermin zu synchronisieren, müssen die Pflanzen – ohne Kalender – genau wissen, welche Jahreszeit gerade herrscht. In den gemäßigten Breiten bei uns unterscheiden sich Sommer und Winter ganz klar durch die Längen von Tag und Nacht. Diese Informationen über die im Jahreslauf sich ändernde Dauer von „Licht an“ und „Licht aus“ brauchen die Pflanzen. Pflanzen, die im Frühjahr blühen, öffnen ihre Blüten, wenn während der Phase mit langer Nacht (Winter) die Nächte schon wieder länger werden, so wie es im Januar/Februar der Fall ist. Pflanzen, die im Sommer blühen, öffnen ihre Blüten, wenn die Tage lang und die Nächte kurz sind. Pflanzen müssen also messen und speichern, wie lange ein Tag dauert – das geht über den Phytochromschalter (siehe S. 34). Um herauszufinden, wie der genau funktioniert, setzten die Forscher eine Reihe von Versuchen an.

Unter natürlichen Bedingungen wie in Ihrem Garten herrschen stets die der jeweiligen Jahreszeit angepassten Lichtbedingungen, die – bezogen auf Berlin – von etwa 7 Stunden 45 Minuten Tageslicht und 16 Stunden 15 Minuten Nacht an der Wintersonnenwende im Dezember bis zu 16 Stunden 24 Minuten Tageslicht und 7 Stunden 36 Minuten Nacht an der Sommersonnenwende im Juni reichen. Unter Labor- und Gewächshausbedingungen sind davon abweichende Tag-Nacht-Dauern möglich. So wurden etwa im Labor des MPI für Pflanzenzüchtungsforschung eine Gruppe von Acker-Schmalwand durch künstliche Beleuchtung in den Sommer mit 16 Stunden Licht, eine andere durch Verdunklung in den Winter mit nur knapp acht Stunden Licht versetzt. Und siehe da, die Sommer-Pflanzen blühten unter diesen Versuchsbedingungen, die Winter-Pflanzen nicht. Das macht ja auch aus biologischer Sicht absoluten Sinn! Acker-Schmalwand blüht, wenn die Nächte kurz und die Tage lang sind – sie ist eine Langtagpflanze, wie die meisten Pflanzen, die bei uns im Sommer blühen.

In anderen Versuchen bekamen die Forscher noch mehr über die Funktionsweise des Phytochromschalters heraus. Sie hielten Acker-Schmalwand-Pflanzen, also Langtagpflanzen, unter den Winter-Versuchsbedingungen mit 16-stündiger Dunkelheit. Wenn die Pflanzen während dieser Dunkelphase nur ein paar Minuten Licht erhielten, bildeten sie Blüten, obwohl die Dunkelphase durch diese kurzen Lichtsignale quasi nicht kürzer wurde, sondern weiterhin 16 Stunden dauerte. Was war da geschehen? Sie erinnern sich an die Empfindlichkeit der Phytochrome (siehe S. 30). Als in diesem Versuch die Dunkelphase begann, haben die Pflanzen als letzte Lichtfarbe Dunkelrot gesehen – dadurch wurden die Phytochrome deaktiviert, sodass sie nun in einer Form vorlagen, die nur empfindlich für Hellrot ist. Sobald das Licht angeht – egal, ob nach zwei, vier, acht oder 16 Stunden – werden die Phytochrome durch Hellrot gereizt und dadurch aktiviert. Mit diesem Lichtsignal ist für die Pflanze die Nacht vorbei und der Tag beginnt.

Dadurch bewiesen die Forscher, dass die Pflanzen nicht die Länge des Tages registrierten, sondern die Länge ununterbrochener Dunkelheit. Geht während der Dunkelheit nur für kurze Zeit das Licht an, ist für die Pflanzen die Nacht beendet. Diese Erfahrungen machen beispielsweise Gärtnereien, die Weihnachtssterne kultivieren – das kurze Licht eines vorbeifahrenden Autos genügt für die Pflanzen als Signal dafür, dass nun der Morgen beginnt. Hier hilft nur eine komplette Verdunklung bei Nacht. Darum sind die Begriffe Kurztag- und Langtagpflanze eigentlich nicht korrekt – richtigerweise müssten sie Langnacht- und Kurznachtpflanzen heißen.

Den Blühzeitpunkt wahrnehmen

Pflanzen, die nur blühen, wenn der Tag deutlich länger ist als die Nacht, werden Langtagpflanzen genannt – sie blühen, wenn die Tage lang sind. Viele Blumen wie die Blaue Prunkwinde *(Ipomoea nil)*, die bei uns im Sommer blühen, sind solche Langtagpflanzen. Auch Getreide wie Roggen und Weizen gehören dazu. Salat ist ebenfalls eine Langtagpflanze und der blüht nun mal an langen Tagen, also im Sommer – er schießt, sagen wir dann. Darum gelingt es nur der Anbau im sommerlichen Garten nur mit speziellen schossfesten Sorten.

Kurztagpflanzen hingegen blühen nur, wenn der Tag deutlich kürzer als die Nacht ist. Man findet sie vor allem in den tropischen äquatornahen Zonen der Erde, dazu gehören etwa Kaffee *(Coffea arabica)*, Weihnachtsstern *(Euphorbia pulcherrima)*, Sojabohne *(Glycine max)* und Herbst-Chrysanthemen *(Chrysanthemum indicum)*. Es gibt auch sogenannte tagneutrale Pflanzen, die andere Signale zum Beginnen der Blüte nutzen. Dazu gehören beispielsweise Reis, Mais, Tomate, Topinambur und Alpenveilchen. Fotoperiodismus heißt dieses Phänomen, bei dem wichtige Ereignisse im Pflanzenleben von der Länge der Beleuchtung abhängt.

Kurztagpflanze Weihnachtsstern

Am Beispiel Weihnachtsstern *(Euphorbia pulcherrima)* bekommen Sie das Thema Kurztagpflanze hautnah mit: Wenn Sie, so wie ich, Weihnachtssterne über Weihnachten hinaus behalten, was ich empfehlen kann, da die Pflanzen sich herrlich entwickeln und sehr dankbar sind, entsteht das Problem, dass sie unter den normalen Bedingungen am Fenster einfach an Weihnachten nicht blühen wollen, so wie das die in den Läden gekauften Exemplare tun. Der Trick: In der mittelamerikanischen Heimat sind Tag und Nacht das ganze Jahr über jeweils ungefähr zwölf Stunden lang. Geblüht wird dort nicht nach der Uhr, sondern nach Regen- und Trockenzeit. Weihnachtssterne bei uns sind aber den Jahreszeiten mit stark wechselnden Tag- und Nachtphasen ausgesetzt. Damit ein Weihnachtsstern blüht, braucht er über eine bestimmte Zeitspanne mehr als zwölf Stunden Dunkelheit. Das hat er über den Winter – und so blühen meine Exemplare jedes Jahr wunderbar im Februar. Möchten Sie, dass Ihre Weihnachtssterne an Weihnachten blühen, dann geht das so:

- **März und April:** Ganz wenig gießen, nun herrscht Trockenzeit und die Pflanzen legen eine Ruhepause ein.
- **Mai bis Mitte September:** Die Trockenzeit ist vorbei. Wieder mehr gießen, aber keine Staunässe! An einen hellen Platz stellen, regelmäßig düngen.
- **Mitte September bis Mitte November:** Kurztag mit über zwölf Stunden Dunkelheit! Dazu stellen Sie die Weihnachtssterne acht Wochen lang täglich 13 Stunden unter einen lichtundurchlässigen Pappkarton oder unter eine schwarze, lichtdichte Folie. Halten Sie diese Dunkelphasen strikt durch, kommen Sie nicht auf die Idee, während dieser Dunkelphase mal kurz die Abdunklung anzuheben und zu schauen, wie es den Pflanzen geht. Diesen Verdunklungsplan können Sie an Ihren Alltag anpassen, also zum Beispiel, indem die Weihnachtssterne abends um 18 Uhr unter

die Haube kommen und morgens um 7 Uhr wieder ans Tageslicht – das muss ununterbrochen jeden Tag eingehalten werden. Gegossen wird während der Tageslichtphase.

- **Mitte November:** Die Dunkelphase ist vorbei – und Ihre Weihnachtssterne blühen mit unscheinbaren Blüten und herrlich roten, rosa oder weißen Hochblättern.

Die Lage der Lichtrezeptoren

Lichtrezeptoren sind die „Augen" der Pflanzen. Sie sind über den ganzen Pflanzenkörper verteilt – nur so können alle Pflanzenteile optimal zum Licht wachsen und sich so ausrichten, dass sie in der bestmöglichen Stellung von Licht bestrahlt werden. Eine Konzentration der Lichtrezeptoren auf einige Stellen etwa als „richtige" Augen an den Blattspitzen ist für Pflanzen, die jederzeit der Gefahr ausgesetzt sind, angeknabbert zu werden, wenig sinnvoll, ja gar gefährlich – könnten sie ja durch einen einzigen Biss entfernt werden. Dann würden den Pflanzen lebenswichtige Informationen zum Licht fehlen und sie würden gegebenenfalls sogar deswegen eingehen. Die meisten Lichtrezeptoren befinden sich auf den Triebspitzen und den Blättern. Wissenschaftliche Versuche haben dies gezeigt: Entfernt man die Triebspitzen, wachsen Sämlinge nicht mehr zum Licht. Entfernt man alle Blätter, bilden Pflanzen keine Blüten. Durch diese Verteilung auf den ganzen Körper, haben Pflanzen auch eine perfekte Rundumsicht im gesamten Garten- oder Naturraum, denn ihre Augen zeigen gleichzeitig nach oben und unten, vorne und hinten, links und rechts! Wenn Sie wissen möchten, was alles so im Garten vor sich geht, müssen Sie nur die Pflanzen fragen … allerdings bekämen Sie von Ihren Pflanzen keine detaillierten Angaben. Pflanzen sind zwar in bestimmten Wellenlängenbereichen des Sonnenlichts empfindlich, da sie aber weder ein räumliches noch Bewegungssehen noch ein datenverarbeitendes Gehirn besitzen, können sie niemals ihre Umgebung so sehen wie Sie. Das optische Sehvermögen der Pflanzen können Sie näherungsweise mit dem eines Regenwurms vergleichen.

Garten-Tipp: Auf künstliche Beleuchtung verzichten

Verzichten Sie darauf, Bäume, Büsche, Wände oder Gebäudeteile nachts aus optischen Gründen zu beleuchten. Bringen Sie nur dort naturfreundliche Lichtquellen an, wo und wann sie aus Sicherheitsgründen gebraucht werden. Verwenden Sie dazu geschlossene „Full-Cut-Off"-Leuchten mit warmweißem Licht und einem schmalen Lichtkegel, der nur nach unten gerichtet ist. Installieren Sie darüber hinaus Bewegungsmelder, sodass diese Lichtquellen nur dann angehen, wenn sie gebraucht werden. Manuelle Schalter mit Relaisschaltung schalten das Licht nach einer bestimmten Zeit wieder aus, sodass die Dunkelheit in den Garten zurückkehrt. Verzichten Sie gänzlich auf die beliebten Solarleuchten, egal ob am Wegrand, auf der Terrasse oder wo auch immer.

Künstliches Licht verwirrt Pflanzen

In Städten und Siedlungen ist es nachts nicht mehr dunkel, Straßenlampen und Wegbeleuchtungen, mancherorts zudem noch Leuchtreklamen, Gebäudestrahler und Flutlichtanlagen machen die Nacht (fast) zum Tag. Das künstliche Licht stört nicht nur Astronomen und Sterngucker, die deswegen in Städten statt 4.000 nur noch 100 Sterne am Himmel sehen können, sondern auch Insekten und Vögel. Es lockt nachtaktive Insekten in tödliche Fallen, leitet Zugvögel in die Irre, verleitet Rotkehlchen nachts zum Singen und stört Tagtiere aller Art in der notwendigen nächtlichen Ruhephase. Auch die Pflanzen im Garten nehmen das künstliche Licht wahr, denn seine Beleuchtungsstärke liegt mit 10 Lux und viel mehr deutlich über der des natürlichen Mondlichts. Die künstlichen Lichtquellen verlängern den Tag und lassen den Sommer länger erscheinen. Dadurch werfen zum Beispiel beleuchtete Laubbäume ihre Blätter im Herbst deutlich später ab als unbeleuchtete. In Jahren mit frühem Schneefall oder Frost können diese Bäume Schaden nehmen, weil die Schneelast auf beblätterten Ästen größer ist oder weil die Blätter erfrieren, bevor die darin enthaltenen Chlorophylle herausgezogen und in Stamm und Wurzel eingelagert werden konnten.

Besonderes zum Lichtsinn

Sonnenblumen folgen im Lauf des Tages der Sonne und wenden ihr großes Blütenkörbchen stets der Sonne zu. Dies trifft zu, aber nur für junge Pflanzen – wie Sie leicht im Garten beobachten können. Ab der zweiten Aprilhälfte ist es soweit für die Aussaat der Sonnenblumen. Stecken Sie dazu die Sonnenblumensamen (Kerne) ein paar Zentimeter tief in den Boden, gut wässern – und etwa zweieinhalb bis drei Monate später blühen die ersten Blütenköpfe. Diese drehen sich tagsüber, der Sonne folgend, von Ost nach West, um sich nachts wieder nach Osten zu wenden, wo am nächsten Morgen die Sonne aufgeht. Verantwortlich für diese Bewegung sind keine sogenannten Motorzellen, wie sie in anderen Pflanzen für die Bewegung von Blüten oder Blättern aus schattigen in sonnige Bereiche zuständig sind – diese fehlen den Sonnenblumen. Vielmehr wird diese Bewegung, wie zahlreiche Versuche zeigen, durch Streckung der Zellen an der Blütenbasis ausgeführt. Wenn die Sonnenblumen älter werden und nun bestäubt werden können, verlangsamt sich diese Drehbewegung der Blütenköpfe zur Sonne hin und schläft schließlich ganz ein. Danach schauen die Sonnenblumenköpfe stur nach Osten – dort wärmt die aufgehende Sonne die Blüten stärker, was mehr bestäubende Bienen als wärmeliebende Wesen anlockt. Während sich das Drehen der Köpfe für junge Sonnenblumen lohnt, da es nachweislich das Wachstum der Pflanzen fördert und sie dadurch mehr Biomasse aufbauen, wäre die energiezehrende Bewegung für ältere Pflanzen ein Draufleggeschäft – und so stellen sie es eben ein.

Pflanzen haben Sonnenbrillen. Beim Ruprechtskraut *(Geranium robertianum)*, können Sie an sonnigen Stellen rötliche Blätter entdecken. Diese fehlen an schattigen Plätzen: Dort braucht es keine Sonnenschutzmaßnahmen wie an sonnigen Stellen, an denen die roten Farbstoffe (Anthocyane) die Blätter vor Sonnenbrand schützen. Bei dieser Pflanze können Sie auch beobachten, dass die Blätter dank beweglicher Gelenke an den Blattstielen stets optimal zur Sonne ausgerichtet sind – so sorgen die Blätter an schattigen Plätzen dafür, dass sie die größtmögliche Sonnenlichtmenge abbekommen.

Das Thema Licht und Pflanzen bewegt viele, zum Beispiel den US-amerikanischen Forscher Antony Evans und zwei Kollegen. Die drei forschen daran, Biolumineszenz in Pflanzen einzupflanzen. Dazu soll der genetische Code der Produktion des Proteins Luziferase, das beispielsweise Glühwürmchen zum Leuchten bringt, mittels Bakterien in die Pflanzen gelangen. Das, so die Hoffnung der Forscher, würde die Pflanzen leuchten lassen wie im Film Avatar. Bisher ist es ihnen (noch) nicht gelungen – aber stellen Sie sich mal vor, es würde gelingen und leuchtende Bäume würden die Straßenbeleuchtung ersetzen …

Garten-Tipp: Rotes Taschenlampenlicht

Im Handel gibt es Taschenlampen mit rotem statt weißem Licht. Das rote Licht hat den Vorteil, dass das menschliche Auge daran nicht adaptiert. Wenn Sie also mit der roten Lampe unterwegs sind und das Licht ausmachen, können Sie genauso gut sehen, als ob Sie die ganze Zeit im Dunkeln gewesen wären. Was macht das rote Licht bei Nacht aber mit den Pflanzen? Nehmen Sie es als hellrotes Licht wahr und sehen darin ein Ende der Nacht? Das wäre doch mal eine Untersuchung wert …

Pflanzen können riechen

Unter dem Geruchssinn verstehen wir das Wahrnehmen von gasförmigen chemischen Substanzen. Bei uns Menschen ist dieser Sinn in der Nase verortet.

Für uns Menschen ist das Riechen nicht so wichtig, wir verlassen uns unter den Sinnen mehr auf Sehen und Hören. Für viele Tiere hingegen spielt die olfaktorische Wahrnehmung eine große Rolle. Vor allen Dingen für Säugetiere, Schmetterlinge, Honigbienen und Ameisen, für Nacht-, Boden- und Meerestiere in ihrer eher lichtarmen Umgebungen gehört das Riechen, zusammen mit dem Hören, zu den wichtigsten Sinneseindrücken. Riechend spüren Tiere Beutetiere oder Geschlechtspartner auf, unterscheiden genießbare Nahrung von ungenießbarer oder giftiger, riechend erkennen sie vertraute Artgenossen und Mitglieder von Herde, Rudel oder Staat und Fremde, riechend nehmen sie Feinde wahr. Auch bei der Fortpflanzung spielt der Geruchssinn in der Tierwelt eine große Rolle – seien es die Pheromone, mit deren Hilfe sich Nachtfalter und andere Insektenpaare finden, die Duftmarken, mit denen Füchse und andere Tiere ihr Revier markieren, bis zu den Duftstoffen, die paarungsbereite Hündinnen und andere Weibchen ausströmen. Kurzum – in der Natur gibt es viele gute Tiernasen.

Doch wie ist es mit dem Geruchssinn bei den Pflanzen bestellt? Dass viele Pflanzen für unsere Nasen und die der Insekten duften oder stinken, steht außer Frage. Aber sind sie auch selbst fähig, Gerüche wahrzunehmen, ihre eigenen oder andere? Und wenn ja, wozu und womit?

Neueste Studien von japanischen Forschern der Universität Tokio um Kazushige Touhara belegen, dass Pflanzen gasförmige Substanzen wahrnehmen – also umgangssprachlich ausgedrückt riechen können. In zahllosen Versuchen setzten sie Tabakzellen und vier

Wochen alte Tabakpflanzen verschiedenen gasförmigen Substanzen aus. Dabei beobachteten sie, dass diese Pflanzen auf die unterschiedlichen Gerüche reagieren. Allerdings reagierten sie wesentlich langsamer auf einen Geruch als Tiere. Für Tiere wie etwa Rehe ist es überlebenswichtig, sofort zu fliehen, wenn sie geringste Duftmengen von feindlichen Tieren wahrnehmen. Den Pflanzen, die ja nicht weglaufen können, genügt eine gemütlichere Reaktion: Anders als bei Tier und Mensch, bei denen die Duftmoleküle von Chemorezeptoren auf der Zelloberfläche der Riechschleimhäute erkannt und sofort zu Nervenimpulsen und Signalen führen, werden bei den Pflanzen die duftenden Moleküle zunächst in den Zellen angesammelt – erst wenn eine bestimmte Duftschwelle überschritten wird, führt dies zu einer pflanzlichen Reaktion, etwa indem sie ihre Abwehr gegen fressende Insekten hochfahren.

Garten-Tipp: Ethylen hilft beim Reifen

Ethylen ist einer der Duftmoleküle, die Pflanzen ausgezeichnet wahrnehmen können. Menschliche Nasen nehmen den süßlichen Geruch dieses Gases erst in höheren Konzentrationen wahr. Ethylen ist in der Pflanzenwelt ein Phytohormon, das bei der Reife eine Rolle spielt: Es bewirkt die Bildung und eben Nichtbildung von Blüten, das Reifen von Früchten, das Abwerfen des Laubs im Herbst sowie das Absterben von Pflanzen oder Pflanzenteilen. Pflanzen nehmen schon Ethylen in einer Konzentration von 0,01 ppm (also 1 Teil auf ein 100 Millionen) wahr, die reife und verfaulende Pflanzen freisetzen. Das bekannteste Beispiel sind Äpfel, die reichlich Ethylen verströmen, ebenso wie reife Tomaten. Früchte, die zusammen mit Äpfeln gelagert werden, werden zum Reifen angeregt – reife Früchte können sogar faulen. Das können Sie nutzen: Mussten die Kiwis oder Tomaten im Herbst im noch unreifen Zustand geerntet werden, können Sie diese gut eine Weile unreif lagern – erst ein paar Tage vor dem Genuss legen sie ein paar Äpfel hinzu und wie von Zauberhand werden die Früchte reif. Das Gleiche können Sie mit in unreifem Zustand gekauften, grünen oder noch harten Bananen, Avocados oder anderen

Früchten tun. Auch reife Bananen verströmen so viel Ethylen, dass sie andere Früchte weich machen. Früchte, die nicht weiter reifen sollen, werden nicht zusammen mit Äpfeln gelagert. Nachweislich ist ein Abstand von 50 Zentimeter ausreichend – was für Sie zugleich die Erkenntnis beinhaltet, dass die Reichweite des aus dem Apfel ausströmenden Ethylens bei etwa einem halben Meter liegt.

Pflanzen sind wesentlich weniger nervös als ihre tierischen und menschlichen Kollegen unter den Lebewesen. Für Pflanzen ist es vermutlich schnell genug, wenn sie innerhalb eines Tages auf Duftinformationen reagieren und sich auf die darin vermittelten Umweltsituationen, wie etwa der Befall durch Fraßfeinde, einstellen.

»Pflanzen sind wesentlich weniger nervös als ihre tierischen und menschlichen Kollegen unter den Lebewesen.«

Die japanischen Forscher fanden aber noch etwas Überraschendes heraus: Pflanzen sind zwar langsam in ihrer Duftwahrnehmung, dafür können sie vermutlich viel feiner „riechen" als Tiere! Der Geruchssinn funktioniert nach dem Schlüssel-Schloss-Prinzip: Jeder Stoff, auch jeder Duftstoff, hat eine ganz bestimmte Molekülform – und die passt nur zu einem ganz bestimmten Chemorezeptor, so wie der Bart eines Schlüssels nur in das dazugehörige Schloss passt. Daher kann jeder Rezeptor nur ein bestimmtes Duftmolekül wahrnehmen oder umgekehrt und somit entspricht die Anzahl der verschiedenen Chemorezeptoren der Anzahl an unterschiedlichen Duftstoffen, die wahrgenommen werden können. Wir Menschen besitzen in unseren Nasen etwa 400 verschiedene Chemorezeptoren, Elefanten haben unter den Tieren die feinsten Nasen mit rund

2.000 verschiedenen Geruchsrezeptoren – doch die wahren Duftkenner scheinen die Pflanzen zu sein, die laut Touhara noch viel mehr unterschiedliche Chemorezeptoren besitzen können.

Dennoch unterscheidet sich die Duftwelt der Pflanzen hochgradig von der der Tiere oder uns Menschen. Dank unseres Gehirns werden nicht nur Düfte gespeichert, sondern diese auch mit Erlebnissen und Erfahrungen verknüpft. So kann der blumig-süße Duft von Frangipani-Blüten die Erinnerung an schöne Urlaubstage in den Tropen aufwecken – solche Dufterlebnisse sind jedoch den Pflanzen gänzlich fern.

Die Lage der Pflanzen-„Nasen"

Jede Pflanze besitzt eine unglaublich große Anzahl von „Nasen", die je nach Größe der Pflanze in die Millionen geht. Diese Nasen sind aber nicht fürs bloße Auge sichtbar, noch nicht mal unter der Lupe oder dem Mikroskop können sie gesehen werden. Die Rezeptoren für gasförmige Stoffe sind verschiedene Proteinmoleküle, die in den Zellwänden auf den Blattflächen sitzen.

Die Duftrezeptoren der Pflanzen

Dass Pflanzen so gut riechen können, hat einen guten Grund – es ist unerlässlich fürs Überleben. Pflanzen riechen nicht nur sich selbst, sondern auch ihre Nachbarn. Forschungen am nordamerikanischen Teufelszwirn (*Cuscuta pentagona*, auch Seide genannt), einem parasitischen, rankenden Windengewächs, haben gezeigt, dass diese Pflanze Tomatenpflanzen (die sie bevorzugt befällt) von Weizen unterscheiden kann – am spezifischen Duft. Sicherlich kann der Teufelszwirn Tomatenpflanzen selbst unter anderen Pflanzen erschnüffeln – und wenn das der Teufelszwirn kann, kann man davon ausgehen, dass auch andere Pflanzen rein durch die Duftnote artgleiche und artfremde Pflanzen erkennen können.

Von der Wirkung von Ethylen wurde ja schon berichtet (siehe S. 42). Doch Forscher fanden noch etwas anderes zu dieser Substanz heraus: Auch verletzte Mimosen verströmen Ethylen. Ethylen wurde früher wegen seiner betäubenden Wirkung als Narkosemittel in der Medizin eingesetzt. Vielleicht bewirken diese Ethylenmoleküle nicht nur das raschere Heranreifen und Absterben von verletzten Pflanzenteilen, sondern versetzen die Pflanze in eine leichte Narkose – so jedenfalls mutmaßt František Baluška vom Botanischen Institut der Universität Bonn.

Garten-Tipp: Ethylen narkotisiert Pflanzen

Wenn tatsächlich Ethylen Pflanzen narkotisiert und Verletzungen „erträglicher" macht, könnten Sie doch bei Schnittmaßnahmen an Bäumen und Büschen, beim Abschneiden von Blumen für die Vase oder beim Ernten von Kräutern ein paar reife Äpfel einsetzen. Diese könnten Sie rechtzeitig vor den Maßnahmen rund um die Schnittstellen aufhängen oder unter Blumen und Kräuter legen … nur so als Idee …

Doch Pflanzen setzen Düfte, die sie dank ihre Geruchschemorezeptoren erkennen, noch zu anderen Zwecken ein: Mit Duftstoffen schrecken sie pflanzenfressende Tiere ab, mit Duftstoffen locken sie bestäubende Insekten an, mit Duftstoffen warnen sie sich gegenseitig vor Gefahren, mit Duftstoffen teilen sie sich gegenseitig ihren gesundheitlichen Zustand mit, mit Duftstoffen synchronisieren sie Blüte- und Reifezeiten. Duftstoffe sind ein wichtiges Mittel der Kommunikation zwischen Pflanzen. Mehr dazu erfahren Sie ab Seite 115. Auch uns erreichen die Pflanzen mit ihren duftenden Botschaften: Nicht nur im Garten erfreuen wir uns besonders an duftenden Blüten und Kräutern, Pflanzendüfte wirken auch auf unser Gemüt und begleiten uns als Parfüm, Deodorant, Seife, Waschmittel und sogar als Duftpuder im Staubsaugerbeutel in unserem Alltag.

So duftet der Garten

Für uns Menschen ist es ein Geschenk, dass Pflanzen mit Düften kommunizieren und die Kommunikation über Töne den Vögeln und Heuschrecken überlassen, die den Garten mit ihrer Musiksprache erfüllen. Die Pflanzen tun es mit einem herrlichen Potpourri aus blumigen, fruchtigen, würzigen, süßen und herben Duftnoten. Wie arm wäre ein Garten ohne all diese Pflanzendüfte, die wir genießen, auch ohne dass wir selbst diese Sprache sprechen oder sie verstehen! Ich erinnere mich an eine Filmszene in „Ein Fisch namens Wanda", in der der unvergleichliche John Cleese als Archie einen kurzen Monolog auf Russisch hält – obwohl ich kein Wort verstanden habe, könnte ich dem Klang der russischen Sprache stundenlang zuhören. Manchmal bitte ich meine polnische Nachbarin, dass sie mir ein bisschen was auf Russisch erzählt, nur dem Klang der Worte wegen … doch das nur nebenbei, vielleicht kennen Sie so etwas ja ebenfalls.

Vielleicht genießen Sie die Düfte der Pflanzen – etwa wenn Sie sich wohlig auf einem duftenden Kräuterrasen aus Polei-Minze *(Mentha pulegium),* Quendel *(Thymus pulegioides),* Rasenkamille *(Chamaemelum nobile),* Bergamotte-, Lavendel- oder Zitronen-Thymian *(Thymus chamaedrys, T. thracicus, T. citriodorus)* entspannen – nun mit dem Bewusstsein, dass sie dabei dem „Gespräch" unserer pflanzlichen Mitbewohner auf der Erde lauschen. In meinem Garten „höre" ich besonders gern diesen duftenden Pflanzen mit meiner Nase zu: den trompetenartigen Lippenblüten des Echten Geißblatts (*Lonicera caprifolium*, auch bekannt als Jelängerjelieber), den großen, hellrosa fünfblättrigen Blüten der Hunds-Rose *(Rosa canina),* den weißen Trugdolden des Gemeinen Schneeballs *(Viburnum opulus)* und des Schwarzen Holunders *(Sambucus nigra).* Der Duft dieser Blüten hat bei mir eindeutig eine Wirkung, die sofort eintritt: Ich fühle mich wohl, entspanne, mein Herz geht auf und freue mich über die feinen Düfte, die die Sträucher einfach so verschenken an jeden, der an ihnen vorbeikommt. Erstaunlich, welche eine Vielfalt an Duftwörtern die Natur hervorgebracht hat – da gibt es sinnliche, süße, blumige, schwere und holzige Duftnoten, frische, zitronige, grüne und fruchtige und Mischungen aus all dem. Dieses Beglücktsein hält eine Weile an. Ob das wohl Momente sind, in denen ich die Sprache der Pflanzen verstehe?

Garten-Tipp: Duftende Pflanzen

Auch unter den Blumen sprechen etliche eine wunderschöne Duftsprache, der Sie unbedingt zuhören sollten – vielleicht nehmen Sie dazu eine bequeme Position ein, schließen die Augen und nehmen mit jedem Atemzug den Blumenduft tief in Ihr Inneres auf.

Meine Lieblingsduftpflanzen sind:

- Duft-Veilchen *(Viola odorata)* – man muss sich zwar tief hinunterbücken, aber der Duft der violetten Blüten ist wunderbar. Das Parma-Veilchen (*Viola suavis* 'Duchesse de Parme') duftet noch intensiver.
- Duft-Steinkraut *(Alyssum saxatile)* – ein Blütenteppich, der nach Honig duftet
- Duftende Rosen: Wild-Rosen wie die Hunds-Rose duften ganz fein und kaum wahrnehmbar, die wunderschönen Englischen Rosen dagegen so intensiv, dass man gern seine Nase tief in die Blüten hineinsteckt
- Maiglöckchen *(Convallaria majalis)* – kleine, aber wundervoll duftende Blüten (leider giftig)
- Lavendel *(Lavandula angustifolia)* – so duftet die Provence
- Levkoje *(Matthiola incana)* – vor das Schlafzimmerfenster gepflanzt, wiegt der feine Blütenduft Sie abends in süße Träume; dazu eignen sich auch die nachtduftenden Nachtkerzen *(Oenothera)* und Nachtviolen *(Hesperis matronalis)*
- Zitronen-Melisse *(Melissa officinalis)* und Zitronenverbene *(Aloysia triphylla)* – beide mit herrlich nach Zitronen duftenden Blättern, deren Duft sich beim Berühren entfaltet; der Zitronenduft bleibt lang an den Fingerkuppen haften

Pflanzen können schmecken

Unter dem Geschmackssinn verstehen wir das Wahrnehmen von gelösten chemischen Substanzen. Bei uns Menschen sitzt dieser Sinn auf der Zunge, funktioniert aber nur bei freier Nase.

Der Geschmackssinn ist ein Nahsinn, denn um chemische Substanzen wahrnehmen zu können, müssen diese mit den jeweiligen Geschmackssinneszellen in Kontakt kommen.

Viele Pflanzen schmecken richtig lecker – denken Sie an süße Erdbeeren, saftige Kirschen, an würzige Kräuter, feine Tomaten und viele andere Obst- und Gemüsearten. Zum Glück ist das so, sollte Pflanzliches doch den Hauptteil unserer Ernährung ausmachen und das fällt uns umso leichter, je leckerer sie schmecken. Doch Pflanzen sollen selbst auch schmecken können? So wie Rehe, die nicht einfach wahllos fressen, was ihnen vor die Schnauze kommt, sondern selektiv unter all dem Grünzeug ihre Lieblingsblätter von Heidelbeeren, Besenheiden, Rotem Hartriegel, Liguster, Hasel, Ruprechtskraut und Walderdbeeren wählen und die Waldmeister, Brennnesseln und Stinkende Nieswurz strikt meiden? So wie wir Menschen, die ganz individuell auf Pommes, Käsekuchen oder Pizza stehen, weil es einfach schmeckt?

Wozu brauchen Pflanzen denn überhaupt einen Geschmackssinn, wo sie sich doch von Licht, Luft und Wasser ernähren? Was könnte ihnen denn sonst noch schmecken? Und wo am pflanzlichen Körper sollen die Sinneszellen sitzen, die für den Geschmack zuständig sind und sensorisch Aromen wahrnehmen können? Denn einen Mund oder eine Zunge besitzen Pflanzen ebenso wenig wie Fühler oder Füße, auf denen bei vielen Insekten die für die Geschmackswahrnehmung zuständigen Chemorezeptoren sitzen.

Notwendige Nährstoffe

Versetzen wir uns wiederum in eine Pflanze und ihre konkreten Lebensbedürfnisse. Was brauchen Pflanzen noch außer Wasser, Luft und Licht, aus dem sie ihre Nahrung (Zucker) selbst herstellen. Doch diese Zuckerverbindungen (Glukose) allein reichen nicht zum Leben. Pflanzen benötigen – wie alle Lebewesen – für bestimmte Moleküle oder Stoffwechselprozesse zudem essentiell verschiedene mineralische Elemente als Nährsalze und Spurenelemente. In größeren Mengen sind dies vor allem:

- **Stickstoff:** etwa als Bestandteil von Aminosäuren (Eiweißen), Blattgrün (Chlorophyll) und wichtigen Enzymen – fehlt Stickstoff, fährt die Pflanze die Fotosynthese zurück oder stellt sie ganz ein. Das erkennen Sie an sichtbaren Blattverfärbungen bis hin zu Blattfall, an fehlender Blütenbildung oder kleineren Früchten.
- **Phosphor:** für das Erbgut, den Energiehaushalt sowie für die Entwicklung, Wachstum und Gesundheit
- **Kalium:** zum Regulieren des Wasserhaushalts und als Schutz vor Dürre und Frost
- **Magnesium:** als wichtiges Zentralelement im Blattgrün und für die Pflanze so essenziell wichtig wie Eisen für unsere roten Blutkörperchen.

Wichtige Spurenelemente für Pflanzen sind:
Eisen als unerlässlicher Bestandteil von verschiedenen Enzymen, Kalzium, Zink, Bor, Kupfer, Nickel, Molybdän, Mangan.

Diese Mikronährstoffe sind für Pflanzen lebensnotwendig, auch wenn sie nur in geringen Mengen benötigt werden.

All diese Nährelemente können Pflanzen nicht selbst herstellen, sondern müssen sie aufnehmen. Doch woher? Aus dem Erdboden. Er enthält all diese Nährelemente. Allerdings liegen die verschiedenen mineralischen Elemente im Boden nicht frei vor, sondern sind meist organisch (zum Beispiel an Humus), mineralisch (zum Beispiel an das Gestein) oder an Bodenteilchen (zum Beispiel Tone) gebunden – nur ein sehr geringer Anteil liegt gelöst im Bodenwasser vor, und zwar als negativ geladene Anionen (Nitrat, Phosphat) oder positiv geladene Kationen (Ammonium, Kalium, Eisen). Nur diese können passiv über Diffusion oder aktiv über den Transport durch Membranen von den Wurzelhaaren der Pflanzenwurzeln aufgenommen werden. Nun raten Sie mal, wie eine Pflanze diese Nährstoffe findet? Sie „schmeckt" sie. In den Wurzelspitzen sitzen Geschmackssinneszellen – die Chemorezeptoren –, die diese Anionen und Kationen wahrnehmen.

Die Geschmacksrezeptoren in den Wurzeln

Diese Chemorezeptoren sind so empfindlich, dass sie sogar geringste Spuren dieser Nährelemente in etlichen Kubikmetern Boden aufspüren. Geschmackserlebnisse irgendwelcher Art wie metallisch im Abgang, einer abgerundeten Note nach feuchtem Waldboden oder mit feinpikantem Aroma müssen wir den Pflanzen absprechen, dazu fehlt ihnen einfach ein diese Leistungen erbringendes Gehirn. Doch die Chemorezeptoren sind nicht nur sensible „Spürhunde" für die verschiedenen lebensnotwendigen Nährstoffe, sie registrieren auch, in welche Richtung im Boden es reicher oder ärmer an gelösten Nährelementen wird. Sie nehmen Konzentrationsgefälle wahr, also in welche Richtung im Boden die Konzentration der einzelnen Elemente zu- oder abnimmt – ähnlich Haien, die einen einzigen Tropfen Blut in einer schwimmbeckengroßen Wassermenge schmecken und gleichzeitig feststellen können, in welche Richtung die Konzentration an Blutstropfen zunimmt – nämlich dort, wo das Blut herkommt und seinen Ursprung hat. Dann wachsen die Wurzelspitzen gezielt zu den nährstoffhaltigsten Stellen im Boden hin. Chemotropismus nennt man diese gezielte Wachstumsbewegung der Wurzeln.

Garten-Tipp: Vorsicht mit Salzen!

Mit winterlichen Streusalzen kommen Pflanzen unterschiedlich gut zurecht. Weinrebe, Küchenzwiebeln, Rettich, Rüben und Spinat, auch Kiefern, Eichen, Platanen und Robinien vertragen recht hohe Mengen an Kochsalz im Boden – darum eignen sie sich überall dort, wo im Winter Streusalz eingesetzt wird. Rosskastanien, Linden und Kernobst ebenso wie Weizen, Kartoffeln und viele Leguminosen hingegen sind empfindlich gegenüber erhöhten Salzgehalten im Boden. Dies gilt auch gegenüber dem Einsatz von mineralischen Düngersalzen. Halten Sie sich bei Ausbringen genau an die Angaben auf der Verpackung, denn viel hilft eben nicht viel. Bei zu großen Düngergaben werden die Nährsalze im Bodenwasser gelöst und liegen nun in einer zu hohen Konzentration vor. Besser geeignet sind organische Dünger wie Kompost, Hornprodukte oder auch organische Fertigdünger. In diesen organischen Düngern sind die Nährelemente an organische Substanzen gebunden und müssen erst durch mikrobielle Zersetzung gelöst werden. Das geht langsam vor sich, sodass die Konzentration an gelösten Anionen und Kationen stets recht niedrig ist – das wirkt positiv chemotrop auf die Pflanzenwurzeln.

Liegen die gelösten Nährstoffe in angenehmen Konzentrationen vor, so wachsen die Pflanzenwurzeln zu diesen Orten im Boden (positiv chemotrop). Liegen sie allerdings in hohen Konzentrationen vor, so werden die Wurzeln davon abgestoßen (negativ chemotrop), im extremen Fall verbrennen zu hohe Nährsalzkonzentrationen die Wurzeln. Das geschieht etwa, wenn Sie zu viel mineralische Düngersalze oder gar zur Winterzeit Streusalze (meist Natriumchlorid, Kochsalz) ausgebracht haben. Versalzenen Boden mögen die meisten Pflanzen ebenso wenig wie wir Menschen versalzene Speisen. Auf den natürlicherweise salzhaltigen Böden wie etwa auf den Salzwiesen an den Küsten, die regelmäßig vom Salzwasser überschwemmt werden oder deren Grundwasser durch Meereinfluss salzhaltig ist, können nur Spezialisten unter den Pflanzen wachsen.

Diese Salzpflanzen oder Halophyten wie etwa Strandflieder, Strandaster, Salzmiere und Queller an der Nordseeküste kommen mit den hohen Salzkonzentrationen zurecht. Sie können zum Beispiel das aufgenommene Salz durch spezielle Drüsen oder durch den regelmäßigen Abwurf von Blasenhaaren oder anderen Pflanzenteilen wieder loswerden. Ihren Wurzeln schmeckt vielleicht das Salz auch nicht besonders gut, aber sie haben funktionierende Strategien entwickelt, um an diesen extremen Standorten wachsen und gedeihen zu können. Dieses Vermögen haben unsere Gartenpflanzen nicht. Darum sollten Sie Dünger nur sparsam ausbringen und auf Streusalze zugunsten von Split und Sand ganz verzichten.

Wenn Sie sich nun vorstellen, dass auf den Wurzelspitzen kleine knubbelartige Gebilde für die Geschmackswahrnehmung zuständig sind so wie die Geschmacksknospen auf der menschlichen Zunge, dann irren Sie sich leider. Die Chemorezeptoren der Pflanzen sind weder Knubbel noch arbeiten sie so spezifisch wie die Geschmacksknospen, von denen es ja fünf verschiedene Typen gibt – jeweils einer für eine der fünf bekannten Geschmackskomponenten süß, sauer, salzig, bitter und würzig (umami). Stattdessen sind die Chemorezeptoren Proteine, die an der Zelloberfläche liegen. Jede Zelle in den Wurzelspitzen besitzt verschiedene solcher Rezeptoren und kann daher mehrere Nährelemente wahrnehmen, etwa Stickstoff, Magnesium, Kalium oder Mangan. Gleichzeitig werden die Nährelemente an die Rezeptoren gebunden und in die Zelle aufgenommen, sodass sozusagen Schmecken und Essen am selben Ort geschieht.

Wären wir Menschen mit solchen Geschmackssinneszellen ausgestattet, so würden beispielsweise die süß-wahrnehmenden Geschmackspapillen auf der Zunge auch gleichzeitig alle süßen Elemente aus dem Speisebrei aufnehmen und zum Darm transportieren. Sie können sich sicherlich vorstellen, welch dicke Zunge dann in unserem Mund liegen würde …

Gleichzeitig schmecken und essen

Und noch etwas unterscheidet die pflanzlichen Chemorezeptoren von denen auf unserer Zunge: Sie schmecken nicht nur die verschiedenen Nährelemente, sondern können sogar wählen, welche bevorzugt von ihnen aufgenommen werden. Dabei unterliegt die Wahl nicht der puren Lust und Laune der Pflanze („Heute ist mir mehr nach Stickstoff“ so wie wir Menschen uns beim Mittagsessen zwischen Spaghetti alla carbonara oder Wok-Gemüse entscheiden), sondern der puren Pflanzengesundheit: Wie Forschungen an dem einjährigen, heimischen Kreuzblütengewächs Acker-Schmalwand (*Arabidopsis thaliana*, auch Schotenkresse oder Gänserauke genannt), einer der am besten erforschten Pflanzen, zeigen, schmecken die Wurzeln den pH-Wert des Bodens. Ist der Boden recht sauer – etwa durch Überdüngung oder sauren CO_2-haltigen Regen, so sind die Rezeptoren besonders gierig nach Magnesium. Sie öffnen quasi ihre Tore für Magnesium. Die Pflanze „weiß“ vermutlich, dass es wegen Auswaschung in leichten, sauren Böden oft zu wenig pflanzenverfügbares Magnesium gibt und reagiert sofort, bevor es zu Schädigungen kommt. Sie nimmt vermehrt Magnesium auf, ohne das mangels ausreichend Chlorophyll die Fotosyntheseleistung abnimmt.

Die Geschmackssinnesorgane der Pflanzen in den Wurzeln schmecken noch mehr als nur Nährelemente – sie nehmen auch all die verschiedenen Substanzen wahr, die andere Pflanzenwurzeln zwecks Kommunikation als Botenstoffe mit Informationen in den Boden abgeben (siehe S. 129 ff.).

Die Geschmacksrezeptoren in den Blättern

Auch in den Blättern haben Forscher Chemorezeptoren – also Geschmackssinneszellen – gefunden. So erkennen Tabakpflanzen oder Limabohnen am Geschmack des Speichels ganz genau, ob Raupe, Milbe oder wer sonst da an ihren Blättern knabbert – um dann die passenden Gegenspieler dieser fressenden Lebewesen zu rufen (siehe S. 151). Ebenso wissen Bäume ganz genau, wenn Rehe an ihnen knabbern – sie schmecken deren Speichel und leiten dann passende Abwehrmaßnahmen ein (siehe S. 152). So raffiniert sind sicherlich viele Pflanzen in Ihrem Garten. Beobachten können Sie dies, wenn Sie Tiere und Pflanzen „machen lassen", also auf den Einsatz von Insektiziden verzichten. Fleischfressende Pflanzen wie die Venusfliegenfalle sind beliebte Forscherobjekte, denn diese Pflanzen haben eine besondere Strategie entwickelt, um auf den stickstoffarmen Moorböden ihrer Heimat an das lebensnotwendige Wachstumsnährelement Stickstoff zu gelangen: Sie erbeuten vor allem Insekten und andere Gliedertiere, manche sogar Frösche und auf den Philippen wurde sogar eine bis zu 1,5 Meter große Kannenpflanze mit zwei Liter fassenden Tierfallen entdeckt, in denen Nagetiere erbeutet und zersetzt werden, um den Stickstoff aus den Eiweißen dieser Tiere zu gewinnen. Wissenschaftler der Universität Würzburg fanden auf den Fangblättern der Venusfliegenfalle Chemorezeptoren, die die gefangene Beute schmecken. Dann können die Blätter genau die richtige Menge und Zusammensetzung an Verdauungssäften freisetzen – so ähnlich wie es die Chemorezeptoren in unserem Darm bewirken.

Info: Riechen und Schmecken

Auch bei den Pflanzen hängen Riechen und Schmecken eng zusammen, denn sowohl auf den oberirdischen Blattflächen als auch im unterirdischen Wurzelbereich befinden sich Unmengen an Chemorezeptoren für chemische Duftstoffe, die riechen und schmecken.

Pflanzen können hören

Unter Hören verstehen wir das Wahrnehmen unterschiedlicher Schallwellen bei Lebewesen mittels der entsprechenden Sinneszellen.

Diese Hörsinneszellen nehmen Schwingungen der Umgebung wahr, also akustische Signale, die sich in Form von Schallwellen oder Vibrationen im Raum ausbreiten. Dabei ist mit Umgebung und Raum Luft, Wasser, Holz oder der Untergrund gemeint.

Im Tierreich ist das Hören weitverbreitet – auch bei Tieren ohne „Ohren". So besitzen alle Insekten, die wie die Heuschrecken selbst Laute zur Kommunikation erzeugen, nachgewiesenermaßen Hörorgane, die Tympanalorgane – das sind über Hohlräume gespannte Membranen an den Beinen, ähnlich unserem Trommelfell. Aber auch viele andere Insekten und Spinnen können Schallwellen an Hörhaaren (Trichobothrien) empfangen, die auf den Beinen oder auf anderen Körperstellen sitzen, vermutlich können sie aber nur die Stärke von Schwallwellen wahrnehmen, also ob es laut oder leise ist. Knorpel- und Knochenfische sowie Kaulquappen besitzen zum Wahrnehmen von Schallwellen unter Wasser ein sehr empfindliches Seitenlinienorgan an den Körperseiten, daneben werden sogar über das Skelett Schallwellen an die Otolithen (Hörsteine) im Innenohr übertragen. Amphibien, Reptilien und Vögel besitzen ein einfach aufgebautes inneres Ohr mit Trommelfell.

Am höchsten ist das Ohr bei den Säugetieren und dem Mensch entwickelt. Bei ihnen werden die auf das Trommelfell, das den äußeren Gehörgang abschließt, auftreffenden Schallwellen im Mittelohr über drei Gehörknöchelchen (Hammer, Amboss, Steigbügel) aufs ovale Fenster und in die Gehörschnecke des Innenohrs übertragen. Die äußeren Ohrmuscheln verbessern das Richtungshören.

So oder so: Laut und leise lässt sich im Tierreich durch spezielle Hörhaare erkennen; wer mehr und differenzierter hören will oder sogar wissen will, wo ein Geräusch herkommt, braucht komplexere Hörorgane. Weil Haare im Pflanzenreich durchaus üblich sind, könnte man sich diese Art von Hören ja auch bei Pflanzen vorstellen – aber das Empfangen von Tönen oder gar Musik erscheint ohne Ohren unmöglich. Schauen wir uns also bei den Pflanzen um.

Fragt man Menschen mit grünem Daumen, so sind sie ganz sicher, dass ihre Pflanzen hören können. Wie sonst sollten sie besser gedeihen, wenn man mit ihnen redet beim Gießen oder bei Rundgängen durch den Garten. Wie ist das also mit dem Hören bei Pflanzen?

Was Pflanzen hören sollten

Bevor wir uns in der Wissenschaft umsehen, versetzen wir uns wieder in eine Pflanze. Welche Geräusche sollte eine Pflanze hören können? Vorteilhaft wäre sicherlich, wenn Blüten Bienen, Hummeln und andere bestäubende Insekten hören – dann könnten sie sich auf den Besuch vorbereiten. Und wenn eine Pflanze hört, dass an der Nachbarpflanze Raupen, Blattwespenlarven oder Maikäfer laut schmatzend Stück für Stück von den Blättern abbeißen, wäre das auch gut – so könnte die Pflanze rasch ihre Blätter bitter machen. Nicht zu hören braucht eine Pflanze, wenn eine in Paarungsstimmung ist – Pflanzen singen oder zirpen nicht und zum Zeugen der Nachkommen müssen sie sich nicht vereinigen. Auch ihr Revier markieren Pflanzen nicht mit Gesang, Heulen oder anderen Tönen.

Die Rezeptoren

Pflanzen besitzen augenscheinlich keine „Ohren“ und die meisten haben keinerlei Haare, die in irgendeiner Form Hörhaare sein könnten. Dafür besitzen Pflanzen mechanosensitive Ionenkanäle in ihren Zellen, die auf Berührungen reagieren (siehe S. 76). Um den Reiz zu verstärken umgeben auf Zellebene oft röhrenförmige, bis zu 100 Nanometer lange Mikrotubuli diese Kanäle. Die Berührungen, die diese Kanäle registrieren, stammen nicht nur durch direkte Kontakte, sondern auch von Schwingungen – die zum Beispiel über den Boden verbreitet werden und die Pflanzen erreichen. Erreicht ein mechanischer Reiz die Zellen, so verändert sich das elektrische Feld und öffnet die mechanosensitiven Kanäle, durch die nun Ionen, also positiv oder negativ geladene Teilchen, in die eine oder andere Richtung fließen. Jeder dieser Ionenkanäle ist zwar zu klein, um ihn durchs Mikroskop zu sehen, aber dafür besitzt jede Pflanze Millionen dieser Mikroöhrchen.

Pflanzen hören also nicht mit speziellen Sinnesorganen, sondern diese Sinneswahrnehmung findet – wie viele andere pflanzliche Sinne – in den Zellen und damit auf große Teile des Pflanzenkörpers verteilt statt. Zum Glück für die Pflanze: Nicht auszudenken, wenn mit dem Biss einer Raupe ins Blatt das „Ohr" weg wäre …

Das Hörvermögen der Pflanzen

Da wären zum einen die Schallschwingungen im Erdboden. Jeden Schritt, den Sie in Ihrem Garten tun, bringt den Erdboden zum Schwingen. Schlangen sind dafür bekannt, dass sie sehr empfindlich für die Schwingungen des Untergrunds sind: Zarte Schwingungen können von Mäusen und anderen kleinen Nagetieren stammen, sie sind besonders interessant für viele Schlangen, weil sie Beute versprechen. Wir Menschen hingegen setzen unsere Füße beim Gehen recht hart auf – das erzeugt heftige Schwingungen, sodass Schlangen daran eher einen Feind als Beute erspüren und abhauen. Pflanzen können das nicht, aber sicherlich hören Ihre Pflanzen auch, wenn Sie den Garten betreten, sich hierhin und dorthin bewegen. Pflanzen hören, wenn Sie sich ihnen nähern – das ist doch ein netter Gedanke! Und ein anderer, fern von Wissenschaft: Vielleicht ist ja manche Pflanze auch „enttäuscht" (weil sie gern Ihre Stimme hört) oder „erleichtert" (weil sie diese zielgerichteten Schrittschwingungen mit Ernten verbindet), wenn sich Ihre Schritte entfernen.

Wozu Pflanzenwurzeln Schallschwingungen im Boden hören, wissen wir (noch) nicht. Der italienische Pflanzenneurobiologe Stefano Mancuso von der Universität Florenz spekuliert, dass Wurzeln nicht nur eine große Bandbreite an Schallschwingungen wahrnehmen, sondern auch gezielt – je nach Frequenz – zu einer Schallquelle hinwachsen oder sich entfernen. Er nennt diese Wurzelbewegungen Phonotropismus.

Er und seine Kollegen entdeckten in Versuchen an Wurzeln junger, von Schädlingen befallenen Getreidepflanzen, dass diese in regelmäßigen Abständen Knackgeräusche erzeugten – und zwar mit einer Frequenz von 220 Hertz. Diese Geräusche könnten von wachsenden Cellulosezellwänden stammen und daher mit dem normalen Zellwachstum einhergehen. Stutzig machte die Forscher, dass Pflanzenwurzeln im Bereich von 220 Hertz besonders gut hören. Könnten die Knackgeräusche der pflanzlichen Kommunikation dienen und andere Pflanzen vor den Fressfeinden warnen? Spannende Fragen für die Zukunft …

Wenn wir uns in die Lebenswirklichkeit einer Pflanze hineinversetzen und um das Hörvermögen durch mechanosensitive Kanäle wissen, ergeben sich leicht weitere unter- und oberirdische Geräusche, die Pflanzen vorteilhafterweise hören sollten: Die Geräusche von fressenden Raupen etwa – Versuche an der Universität Missouri haben ergeben, dass die schon bekannte, heimische Acker-Schmalwand *(Arabidopsis thaliana)* tatsächlich die Geräusche fressender Raupen von Windgeräuschen unterscheiden kann (schmatzende Raupen führten zur Ausschüttung von Warnsubstanzen, siehe S. 116). Und auch das Geräusch von fließendem Wasser nehmen Pflanzen nicht nur wahr, sondern reagieren sogar darauf. So krümmten sich die Wurzelspitzen von Erbsenpflanzen in Versuchen der italienischen Pflanzeneurobiologen deutlich zu der bestimmten Schallschwingungsfrequenz hin, die der von fließendem Wasser entspricht. Diese phonotropischen Wurzelbewegungen machen Sinn, denn in den vielen Lebensräumen ist Wasser zumindest zeitweise Mangelware – und wenn man als Pflanze fließendes Wasser schon aus einer größeren Distanz hören und mit seinen Wurzeln in diese Richtung das Erdreich durchdringen kann, ist man Pflanzen überlegen, die Wasser erst wahrnehmen, wenn es sie erreicht hat.

Info: Hat Bambus besonders gute Ohren?

Wenn Sie einen Bambus in die Nähe eines Teichs setzen, müssen Sie unbedingt eine Rhizomsperre ziehen: Dazu graben Sie die 70 Zentimeter breite Rhizomsperrenfolie mit genügend Abstand zum Bambus 65 Zentimeter tief in den Boden ein. Die fünf herausstehenden Zentimeter Folie sehen zwar doof aus, zeigen Ihnen aber, ob die Rhizome des Bambus nicht oberirdisch die Sperre überwunden haben. Warum das Ganze? Zum einen weil sich Bambus rasch über ihre zähen, kaum zu durchtrennenden Rhizome ausbreiten und einmal ausgebüxt kaum wieder „einfangen" lassen, zum anderen weil sie zielgerichtet auf den Gartenteich hinwachsen und in Nullkommanix die Teichfolie überwinden, um direkt von der Wasserquelle Teich „zu saugen". Ob die Wurzeln wohl das Wasser im Teich hören, wenn Vögel am Ufer baden oder wenn darin ein Wasserspiel plätschert?

Sicherlich hören Pflanzen sogar das Wasser, das in Wasserleitungen fließt – und sicherlich breiten sich dann ihre Wurzeln auch zur Quelle dieser Fließgeräusche hin aus. Darum ist es nicht verwunderlich, wenn Wasserrohre von Pflanzenwurzeln – vor allem von Gehölzen – umgeben sind und dass die Wurzeln sogar an Schwachstellen die Rohrwandungen, etwa von alten Tonwasserrohren, überwinden können. Bingo! Diese Pflanzen haben eine auf Jahre hinaus verlässliche Wasserquelle gefunden, für Bäume, Sträucher und andere mehrjährige Pflanzen ein Segen. Schließlich verdunstet jeder große Nadelbaum täglich zehn Liter, Laubbäume im beblätterten Zustand mit rund 50 Liter deutlich mehr. Birken kommen an heißen Tagen sogar auf eine Menge von weit über 100 Liter Wasser, das über die Blätter verdunstet wird.

Auch das Summen von Bienen, wichtige Bestäuber von Blüten, können Pflanzen hören, wie die Forscherin Lilach Hadany von der Universität Tel Aviv in Phytoakustikstudien an Nachtkerzen *(Oenothera drummondii)* herausfand – und wenn sie es hören, erhöhen sie den Zuckergehalt im Nektar und locken so die bestäubenden Insekten an. Auch das macht aus Pflanzensicht Sinn, denn auf Nektar sind diese Insekten besonders aus. Wo der Blütentopf besonders nahrhaft gedeckt ist, steuern diese Bestäuber zielgerichtet hin. Das erhöht die Wahrscheinlichkeit für die Blüte, dass sie tatsächlich bestäubt wird – ein Vorteil gegenüber tauben Blüten. Die Ohren der Pflanzen sitzen hierbei in den Blüten, die nur das Summen hören und alle anderen Geräusche ausblenden. Als Form von Kommunikation zwischen Pflanzen und Tieren erfahren Sie mehr dazu ab Seite 149.

Bienen erzeugen mit ihren Flügeln verschiedene Töne, etwa wenn sie im dunklen Stock den anderen Honigbienen über eine Tanzsprache Nektarquellen mitteilen oder wenn sie im winterlichen Stock eng aneinandergerückt durch Flügelschlagen Wärme erzeugen. Bei der Suche nach Nektar summen sie in einer Frequenz von 248 bis 250 Hertz (also mit 248 bis 250 Flügelschlägen pro Sekunde), die Flügel der größeren Hummeln schlagen dreimal so langsam, was zu der tieferen Frequenz von rund 80 Hertz führt. Wenn Pflanzen Bienen summen hören können, sind die mechanosensitiven Kanäle in den Zellen für diese Frequenzen empfindlich. Daher müssten die Blüten auch andere Geräusche mit ähnlichen Frequenzen wie etwa die Stimme von Frauen (siehe Garten-Tipp) hören.

Garten-Tipp: So tönen die Bienen

Wenn Sie das Summen einer Honigbiene nachmachen möchten, so summen oder flöten Sie den Ton h. Interessanterweise haben Klangtherapeuten die Erfahrung gemacht, dass Menschen bei diesem Ton ein Gefühl von „im Frieden sein" empfinden – und interessanterweise ist das – also die Tonhöhe von etwa 250 Hertz – auch aufgrund der durchschnittlichen Größe des Kehlkopfs und Länge der Stimmbänder der Grundton weiblicher Stimmen (während der durchschnittliche Grundton männlicher Stimmen wegen des größeren Kehlkopfs und der längeren Stimmbänder bei tieferen 125 Hertz liegt, der durchschnittliche von Kindern höher bei etwa 440 Hertz, was etwa dem Kammerton a entspricht). Wenn wir uns jetzt zurück in den Garten bewegen, müsste es wohl eine Wirkung seitens der Blüten geben, wenn eine Frau mit ihnen spricht: Der Zuckergehalt im Nektar könnte steigen … Vielleicht haben Sie ja Lust, das mal auszuprobieren …

So oder so, ich empfehle Ihnen das Anpflanzen von Nachtkerzen! Unermüdlich von Juni bis weit in den Herbst hinein öffnen sich Abend für Abend leuchtend gelbe Blüten – und das tun sie nicht still und heimlich, sondern mit einem deutlich hörbaren Plopp! Die ganze Nacht sind die Blüten geöffnet und bieten vor allem Nachtfaltern ihren Nektar an, am Morgen verwelken sie dann langsam – doch schon am Abend öffnen sich die nächsten Blüten. Herrlich!

Pflanzen und Musik

Wenn es ums Hörvermögen der Pflanzen geht, ist man rasch beim Thema Musik: Dazu kursieren viele Beobachtungen wie etwa, dass Pflanzen klassische Musik lieben, während sie bei lauter Punk-Musik sichtbar zugrunde gehen oder dass die Klangfarbe entscheidend sei – sanfte Musik à la Verdi und Mozart würde wundervoll wirken, während rauer Heavy Metall oder Hard Rock die Pflanzen verkümmern ließe.

Doch was ist dran – hat Musik tatsächlich einen Einfluss auf Pflanzen? Bedenkt man, dass es Pflanzen schon seit mehreren

100 Millionen musiklosen Jahren auf der Erde gibt und dass sich im Lauf der Evolution bei den einzelnen Arten in Anpassung an die abiotische und biotische Situation am Standort jeweils nur diejenigen Pflanzenteile und -funktionen inklusive Sinne entwickelt haben, die für das eigene Leben wichtig sind, so müsste die Antwort auf diese Frage eigentlich nur Nein lauten. Zwar haben die Menschen schon vor mindestens 35.000 Jahren auf Flöten gespielt, Trommeln und Rasseln gab es ganz bestimmt schon viel früher und auch Lieder wurden sicherlich gesungen – doch aus evolutionärer Sicht der Pflanzen war die erste menschliche Musik, die sie gehört haben, egal, wie viele Zehntausend Jahre das schon her ist, gestern.

Hat Musik nun eine Wirkung oder nicht? Um diese Frage genauer zu beantworten, hilft ein Blick auf die zahlreichen Studien, in denen verschiedene Pflanzen mit verschiedenen Tönen oder Musik berieselt wurden:

Der erste schriftliche Beleg über solche „närrischen"[3] Experimente findet sich in einer Autobiografie mit Briefen von Charles Robert Darwin (1809–1882), die zehn Jahre nach dem Tod dieses bedeutenden Naturwissenschaftlers veröffentlicht wurden. Als wissbegieriger Naturforscher wollte er allem auf den Grund gehen – auch den Mimosen *(Mimosa pudica)*, die, wie Darwin beobachtet hatte, feine Vibrationen eines Tisches registriert haben mussten, denn sie schlossen sofort ihre Blätter wie nach Berührung. Diese Beobachtung weckte sein Interesse. Er ließ seinen Sohn Fagott spielen und beobachtete genau, wie die Mimosen darauf reagierten – nämlich gar nicht. Der Junge konnte Fagott spielen, wie er wollte, keine Tonfolgen oder Melodien brachten die Mimosenblätter dazu, sich zu schließen. Wenn Sie wissen wollen, warum, blättern Sie auf S. 86.

3 Später nannte Darwin selbst diese Musikexperimente mit Pflanzen als „fools experiments".

Ungefähr zur selben Zeit wie Darwin spielte ein Journalist in seinem Gewächshaus den Rosen und anderen Blumen auf seinem Harmonium vor. Er schilderte dazu in einem Artikel in der Zeitschrift „English Mechanic" von 1876, dass seine Pflanzen durch die Musik rasch gesünder wurden. Weil es an dem Ort seines Experiments, einem kargen Landstrich in Portugal, keine Vögel gab, mutmaßte der Journalist, dass Musik – sei sie von Vögeln oder Instrumenten – lebensnotwendig für pflanzliches Leben sei. Und durch sein Harmoniumspiel habe er den Pflanzen in seinem Gewächshaus die lebensnotwendige Musik gespendet. Diesen Artikel lasen viele Menschen und reagierten darauf – sicherlich, weil Menschen damals und heute der Gedanke erfreut, mit Musik ihren Pflanzen etwas Gutes zu tun: So kursierten damals auf diesem Artikel basierend verschiedene Empfehlungen, beispielsweise solche den Platanen am Themse-Ufer mit Musik durch Leiermänner zum besseren Wachstum zu verhelfen oder aber wegen der positiven Wirkung auf die Pflanzen glücklich über Drehorgelspieler in den Vorstädten zu sein.

1900 erschien in derselben Zeitschrift „English Mechanic" ein anderer Artikel über den deutschen Musikgelehrten Hans Tietgen. Dieser hatte beobachtet, dass Pflanzen ihre Blätter zum Klang von harmonischer Musik entfalten, sie aber bei dissonanten Tönen sofort wieder schließen und dass eine Sinfonie Rosen schneller aufblühen lässt. Den Kommentar eines Redakteurs auf diesen Beitrag möchte ich nicht vorenthalten: Er mahnte, bei öffentlichen Musikdarbietungen im Grünen doch die Belange der Pflanzen bei der Auswahl der Musikstücke zu berücksichtigen (damit könnte man sich durchaus anfreunden) und er empfahl für die Landwirtschaft eine Blaskapelle, für einen Blumengarten ein Mandolinenorchester zu engagieren.

In einem Vortrag berichtete der Naturforscher Alexandre Rouhier 1931, dass er Blumen, vor allem Veilchen und Alpenveilchen, observiert hätte, die ob der Orchestermusik in Ball- und Konzertsälen stark verkümmert wären. Er hielt Pauken und Trompeten für die pflanzenschädlichsten Instrumente eines Orchesters. Vielleicht hatten die Blumen aber auch nur unter Licht- oder Wassermangel gelitten …

Die ersten systematischen Versuche zur Wirkung von Musik auf Pflanzen in jenen Sälen im Innern der Gebäude führte ab den 1950er-Jahren der leitende Botaniker T.C.N. Singh und seine Mitarbeiterin Stella Ponniah an der indischen Annamalai-Universität in Madras durch. Dabei setzten sie vor allem Streichinstrumente wie Violine und Vina (ein indisches gezupftes Saiteninstrument) ein. In den Versuchen beschallten sie verschiedene Pflanzen über längere Zeiträume mit einzelnen Tönen und Melodien, um die Wirkung der Musik auf das Längenwachstum sowie die Anzahl und Größe der Blätter zu untersuchen. Eines dieser vielen Experimente bestand zum Beispiel darin, Mimosen morgens zwischen 7 und 8 Uhr 25 Minuten lang auf der Violine die Note „pa" vorzuspielen – diese Behandlung ließ die Anzahl der Spaltöffnungen um 55 Prozent, das Längenwachstum um 30 Prozent und die Anzahl der Blätter um mehr als 50 Prozent gegenüber nicht beschallten Mimosen erhöhen. Zuckerrohr untersuchten Singh und Ponniah in mehreren Versuchsreihen über jeweils längere Zeiträume. Sie fanden heraus, dass Zuckerrohr, der dieselbe musikalische Prozedur durchmachen musste wie die Mimosen, 120 Prozent mehr Blätter entwickelte und etwa 60 Prozent größer wurde als unbeschalltes Zuckerrohr. Anderen Zuckerrohrpflanzen spielten die beiden Forscher täglich in den frühen Morgenstunden das Mantra „Raga Bhairavi" auf der Violine vor – diese Pflanzen wurden 25 Prozent höher und bildeten 30 Prozent mehr Blätter als Kontrollpflanzen aus. Und auf die Tonfolge „sa – pa – sa" gespielt auf dem harmoniumähnlichen, aber tastenlosen indischen Instrument Shrutibox, reagierten die Zuckerrohrpflanzen mit 40 Prozent Längenzuwachs und 50 Prozent mehr Blättern.

Garten-Tipp: Mantras für Pflanzen

Durch ihre Erfolge motiviert machten Singh und Ponniah noch mehr Versuche: Tapiokapflanzen spielten sie das Mantra „Raga Simhendra Madhyama" auf der Vina vor – und prompt bildeten die Pflanzen 80 Prozent mehr und dickere Blätter, stärkehaltigere Blattstiele und wurden 110 Prozent größer als die Kontrollpflanzen. Leider verpassten es die beiden, genauere Versuchsbedingungen zu notieren, wie etwa wann, wie lange und über welchen Zeitraum das Mantra gespielt wurde – daher können Sie diesen Versuch leider nicht reproduzieren. Dafür aber diesen: Spielen Sie wie Singh und Ponniah Chilipflanzen *(Capsicum annuum)* abends zwischen 17 und 18 Uhr eben dieses Mantra „Raga Simhendra Madhyama" auf der Vina (auf der Geige geht bestimmt auch) vor: Vielleicht werden diese Pflanzen dann ja im Schnitt 90 Prozent höher mit 120 Prozent mehr Blättern und 100 Prozent mehr Fruchtbildung als Chilipflanzen, die dieses Mantra weder am frühen Abend noch sonstwann gehört haben – einen Versuch wäre das doch wert (und wenn es um der entspannenden Wirkung dieses Mantras für Sie wäre, das Ihnen eine ruhige Nacht mit tieferem Schlaf schenken würde …).

Singh und Ponniah erweiterten das pflanzliche Versuchsfeld aufs Saatgut: Sie entnahmen von den Mimosen, die regelmäßig Violinenklänge hören mussten, während der Musikdarbietungen Samen – und siehe da, die beiden indischen Botaniker stellten fest, dass das Saatgut der musikalischen Mimosen 96 Stunden früher und dreimal besser keimte als „unmusikalisches" Saatgut.

Solcherart Versuche mit Tönen und Melodien machten Singh und seine Mitarbeiterin auch mit Süßkartoffel, Studentenblume, Tabak und andere Pflanzen. Bei ihren Studien fanden sie heraus, dass tiefere Instrumente oder männliche Stimmen keine Wirkung auf Pflanzen hätten. Unter den Instrumenten zeigte der Einsatz von Violine, Flöte und Nadaswaram (ein kegelförmiges, oboenähnliches Blasinstrument) die besten Ergebnisse, denn die beschallten Pflanzen waren kräftiger und dunkler grün, trugen früher Blüten und später mehr Früchte als unbeschallte, sowohl bei den Zier- als auch den Nutzpflanzen.

Singh machte sich außerdem Gedanken darüber, worauf im Pflanzenkörper Musik wirkt – er vermutete, dass Musik die Strömung im Protoplasma der Zellen anregt und so zu einer höheren Mitoserate, der Anzahl der Zellteilungen pro Zeiteinheit, führt. Dazu machte er verschiedene Versuche, deren Ablauf leider nicht überliefert ist, wohl aber deren Ergebnisse: Sie ahnen es schon – die tägliche Dosis von 30 Minuten Beschallung durch eine elektrisch betriebene Stimmgabel in der Tonhöhe 100 Hertz (also tiefer als die durchschnittliche Männerstimme, aber höher als das Summen der Hummeln) führte dazu, dass sich in den Wurzelspitzen von Süßkartoffelpflanzen 43 Prozent der Zellen teilten (in nicht beschallten Wurzelspitzen hingegen waren es nur fünf Prozent).

Singhs Arbeiten schwappten auch in die USA. In Illinois (USA) machte der Farmer George E. Smith ab 1960 ähnliche Versuch wie an der indischen Annamalai-Universität in Madras: Drei Jahre lang berieselte er in einem Gewächshaus Mais- und Sojapflanzen mit Musik aus Lautsprechern – 24 Stunden lang „hörten" die Pflanzen die „Rhapsody in Blue" von George Gershwin. Die Pflanzen scheinen diese Musik zu mögen, denn Smith beobachtete nicht nur, dass die ausgesäten Samen von Mais und Soja früher keimten, sondern dass sie auch dickere, härtere Stängel und mehr Wurzeln entwickelten und zudem noch schwerer waren als die Kontrollgruppe (Mais zeigte um knapp 50 Prozent bessere Resultate, bei Soja waren es etwa 20 Prozent Zuwachs).

Smith brachte dann auf einem Maisfeld einen Lautsprecher an und spielte zehn Reihen Mais verschiedene Musikstücke vor, neben Gershwins „Rhapsody in Blue" auch Märsche. Humor muss er gehabt haben, denn für den Zeitraum während der Maisblüte wählte der Farmer einen Hochzeitsmarsch. Auch hier meldete Smith

Erfolge beim musikberieselten Mais wie frühere Keimung, gesündere, schnellwüchsigere Pflanzen, frühere Blüte, üppigere Ernte.

Garten-Tipp: Vor Lärm schützen

Weil es in den letzten Jahrzehnten durch den ansteigenden Einsatz von Motoren (Kraftfahrzeuge etc.) draußen immer lauter wurde, untersuchten amerikanischer Forscher schon in den 1970er-Jahren die Auswirkung von Lärm auf Pflanzen. In einer Versuchsreihe wurden Tabakpflanzen zwei Wochen lang mit über 99 dB(A) beschallt, die Frequenzen lagen zwischen 31,5 Hertz und 20 Kilohertz. In einer anderen Versuchsanordnung wurde frisch gekeimter Weizen 12 Tage lang 3, 5, 7 und 9 Kilohertz unter einem Schalldruck von 75 dB(A) ausgesetzt. Heraus kam etwa: Die Tabakpflanzen wuchsen um 40 Prozent weniger als in ruhiger Umgebung, dem Weizen schien der Lärm nichts auszumachen. So oder so: Wenn Sie sich und Ihren Pflanzen etwas Gutes tun wollen, schützen Sie sich und Ihre Pflanzen vor Lärm. Verzichten Sie auf Laubbläser und motorbetriebene Rasenmäher und Trimmer und bearbeiten Sie Laub und Rasen lieber von Hand. Bei solcherlei Gartenarbeiten bewegen Sie sich zudem an frischer Luft, was für Körper und Geist das Beste ist. Und danach müssen Sie auch nicht mit dem Auto der Bewegung wegen ins Fitnesscenter fahren …

Von diesen Erfolgen ermutigt, erweiterte Smith seine Musikversuche. Dazu teilte er 1962 sein Maisfeld in vier Teile ein. Auf jedem Teil unterlag der Mais über vier Vegetationsperioden einer anderen Behandlung: Auf Teil 1) herrschte Stille, auf Teil 2) wurde verschiedene Musik gespielt, auf Teil 3) ertönte ein Dauerton mit 1.800 Hertz (das sind etwa die höchsten Töne einer Geige oder Trompete) und auf Teil 4) ein Dauerton mit 450 Hertz, also ungefähr Kammerton a. Damit die Pflanzen auf ihrem Teilstück nichts von der Behandlung auf den anderen Teilen mitbekamen, trennten hohe Plastikwände die einzelnen Flächen voneinander. Smith zählte zur Erntezeit unter anderem, wie viele Maiskolben eine vergleichbare Anzahl Pflanzen auf den verschiedenen Teilfeldern trugen. Sein Ergebnis: Auf dem stillen Feld 1) waren es 269 Maiskolben, auf dem musikbeschallten Teil 2) 287, auf dem mit hohem Dauerton beschallten Teil 3) 300 und die meisten Maiskolben, nämlich 328 wuchsen auf Teil 4) mit 450-Hertz-Dauerton. Das stimmt mit Erkenntnissen heutiger Forschung überein, die Frequenzen unter 500 Hertz eine positive Wirkung auf Pflanzen zuschreiben. Smith war sicherlich nicht nur über seine Erfolge – immerhin bis zu 17 Prozent mehr Ernten auf den Musikflächen – glücklich, sondern auch über das Interesse der Presse. So berichteten amerikanische Zeitschriften über seine Versuche unter der Schlagzeile „Crowing corn to music".

Garten-Tipp: Musik für Pflanzen

George Milstein, ein amerikanischer Zahnarzt, Pflanzenliebhaber und Zeitgenosse von Retallack, hörte von den positiven Wirkungen von Musik auf Pflanzen, witterte eine Geschäftsidee dahinter und brachte die LP „Music to grow plants" mit einer Zusammenstellung pflanzlicher Lieblingsmusikstücken plus beigelegtem Saatgut auf den Markt. Auf youtube können Sie einzelne Stücke mit dem typischen Sound der damaligen Zeit aus dieser LP hören (https://bit.ly/3f6UoQo) und noch jede Menge andere Musik für Pflanzen, zum Beispiel „Music for Plants", „Plant growth and gardening" Vol. 1 und Vol. 2. Und wenn Ihre Pflanzen und Sie noch nicht genug von dieser Pflanzenmusik haben, hören Sie sich „Mother Earth's Plantasia" an. Diese elektronische Musik hat 1976 Mort Garson für Pflanzen komponiert (https://bit.ly/3f5ljvN). Viel Spaß!

Tatsächlich folgte auf diese Artikel ein Hype in den USA, der bis heute andauert. Seit 1964 ist es an amerikanischen Schulen zur Mode geworden, die Wirkung von klassischer und moderner Musik, von Gospels, Rock 'n' Roll, heute auch von Pop, Rock, Techno und mehr auf Erbsen, Geranien, Tomaten und viele andere Pflanzen in Schülerwettbewerben zu ergründen. Doch nicht nur die Schüler, auch einige amerikanische Forscher nahmen sich dieses Musik-Pflanzen-Themas an – mit widersprüchlichen Ergebnissen. Während beispielsweise ein Forscher einen stimulierenden Effekt von Musik auf das Pflanzenwachstum generell feststellte (bei Tomaten war klassische Musik am besten, bei Erbsen Rock 'n' Roll), stellten andere Forscher keinen signifikanten Effekt von Musik auf Studentenblumen *(Tagetes)* fest.

„Sonic Bloom" und „Agri Wave"

Don Carlson hatte 1991 eine Idee: Wenn man Pflanzen musikalisch beschallt und danach eine flüssige Düngerlösung auf die Blätter aufträgt, so schlussfolgerte er, lässt sich das Welthungerproblem lösen. Seine Geschäftsidee verkaufte er als Set unter dem Namen „Sonic Bloom". Auf der ersten von ihm zusammengestellten Musikkassette hörte man indische Ragas, die Vogelgesängen ähnelten. Weil diese fremdländische Musik beim amerikanischen Publikum nicht gut ankam, bespielte Carlson daraufhin die MCs mit Streichkonzerten von Bach und Vivaldi. Carlson glaubte, dass Schall für die Pflanzen so wichtig sei wie Licht, zudem würde Schall Kühe auch mehr Milch geben lassen und Harmonie unter die Menschen bringen. Trotz Berichten landwirtschaftlicher Betriebe von der wunderbaren Wirkung von „Sonic Bloom" (größere Orangen, saftigere Luzernen als Viehfutter für bessere Milch usw.) zeigte die Wissenschaft an Carlsons Idee keinerlei Interesse zur weiteren Erforschung. Darüber war er so frustriert, dass er sich selbst 2001 der Königlich Schwedischen Akademie der Wissenschaften für den Wirtschaftsnobelpreis (eigentlich Alfred-Nobel-Gedächtnispreis für Wirtschaftswissenschaften) vorschlug. Falls Sie Interesse haben, hier der link auf seine Internetseite: http://dancarlsonsonicbloom.com/

Vier Jahre später entwickelten Tian Zhen Hou und John S. Destito, ausgehend von „Sonic Bloom“, ein weiteres Verfahren zur Pflanzenbehandlung: Das Grundprinzip ihrer auf dem Meridiansystem der Pflanzen beruhenden „Agri-Wave-Technology“ besteht darin, den Ertrag und die Qualität von Pflanzen wie Gemüse, Blumen und Obstbäumen zu verbessern, indem Schallwellen bestimmter Frequenzen gesendet und ein zusammengesetzter Mikroelementdünger mit Stickstoff, Phosphor, Kalium, Eisen, Kupfer, Mangan, Zink und Bor alle zwei Wochen auf die Blätter gesprüht wird. Dazu entwickelten sie einen Schallwellengenerator, mit dem die Pflanzen mit sieben Frequenzen zwischen 20 und 2.000 Hertz beschallt werden – laut Hou und Destito wirkten diese Schallwellen wie ein physikalischer Dünger. Die Erfolgsmeldungen blieben erwartungsgemäß nicht aus: Im Umkreis von 150 Meter um die Schallquelle ernteten Landwirte in Kalifornien über zwei Kilogramm schwere Tomaten und über 13 Kilogramm schwere Rote Bete. Da die „Agri-Wave“-Tomaten einen höheren Zuckergehalt aufwiesen, verdarben sie nicht so schnell. Auch auf Spinat, Kopfsalat und Erdbeeren zeigte diese Pflanzenbehandlung eine positive Wirkung. Ob dieser Erfolge stellt sich doch die Frage, warum man nichts mehr davon hört.

Die Wirkung von Insektenmusik

Heuschrecken und Grillen sind die Musikanten unter den Insekten. Die zirpenden Gesänge der einzelnen Arten unterscheiden sich so deutlich voneinander, dass man daran wie bei den Vögeln auf akustische Weise jede Art genau erkennen und bestimmen kann. In China experimentierten 2010 Ming-e und seine Mitarbeiter mit Insektengeräuschen, genauer dem Zirpen zweier Grillenarten. Die Forscher beschallten eineinhalb Monate lang täglich von 7 bis 10 Uhr Radieschen, Chinakohl, Senf, Amaranth, Kohl und Sojabohnen mit klassischer Musik, die von Insektengeräuschen unterlegt war. Auf einer Kontrollfläche ertönten nur Insektengeräusche, auf einer weiteren war es still. Obwohl viele oberirdischen Teile während des Versuchs von Tieren gefressen wurden, war der Zuwachs auf den beschallten Flächen – sowohl auf der mit Insekten-Musik-Mix als auch auf der mit reinem Insektensound – um bis zu 40 Prozent größer als auf der stillen. Nur auf Radieschen hatte das reine Grillenzirpen ohne Musik keinerlei Wirkung, Musik mit Insektengeräuschen hingegen schon. Vielleicht kennen sich die beiden nicht, denn Grillen kommen üblicherweise nicht dort vor, wo Radieschen wachsen …

Auch Gurken, Tomaten, Auberginen, Zuckermelonen und Augenbohne *(Vigna unguiculata)* wurden beschallt – in allen Fällen wirkte diese Art von Beschallung (Musik mit Insektengeräuschen sowie Musik ohne Insektengeräusche) positiv.

Bei Stefano Mancuso von der Universität Florenz waren die Rebstöcke in einem Weinberg dran: Sie wurden zehn Jahre lang täglich mit Musik beschallt. Sein Ergebnis: Klassische Musik von Vivaldi, Mozart und Haydn ließ die Früchte größer und aromatischer, die Gesamtpflanze an sich gesünder und widerstandsfähiger werden im Vergleich zu unbeschallten Rebstöcken, während Rockmusik keine positive Wirkung auf die Trauben hatte und Hard Rock die Pflanzen sogar kümmern ließ.

Da Mancuso seine Experimente unter wissenschaftlichen Standards ausführte, könnten vielleicht die Forschungen von Masaru Emoto eine Erklärung für diese unterschiedliche Wirkung auf Pflanzen geben. Emoto beschäftigt sich seit den 1990er-Jahren mit Wasser. Für ihn kann Wasser Gedanken, Gefühle, Umwelteinflüsse und Ähnliches aufnehmen und speichern. Für die Versuche entnahm er Wasser aus unterschiedlichen Quellen von reinem Quellwasser bis zu aufbereitetem Trinkwasser, beschallte es mit verschiedener Musik, Lärm und Tönen und beschriftete Wassergefäße mit verschiedenen positiven und negativen Botschaften. Dann ließ er die Wasserproben zu Eiskristallen gefrieren und schaute sich diese Kristalle unter dem Mikroskop an: Eiskristalle von reinem Wasser, sanfter Musik und positiven Botschaften bildete wunderschöne vollkommene Formen, während Eiskristalle aus dreckigem Wasser, rockiger, lauter, dissonanter Musik, Lärm und negativen Botschaften keine oder stark deformierte Formen bildete. Diese Eiskristallformen belegten seine Theorien zur besonderen Fähigkeit von Wasser und zeigten ein Abbild von dem, was das Wasser empfangen hat: natürliche Harmonie oder unnatürlich Störendes. Wenn Sie die Gelegenheit dazu haben, schauen Sie sich mal die Fotos dieser verschiedenen Eiskristalle in seinen Büchern an – sie sind sehr beeindruckend und regen zum Nachdenken an.

Wenn man nun annimmt, dass an den Entdeckungen Emotos etwas Wahres dran ist, dann wirken sich diese im Wasser festgehaltenen Botschaften auf alle Lebewesen aus. Alle Lebewesen, also Pilze, Tiere, Menschen und auch die Pflanzen, bestehen vor allem aus Wasser, denn Wasser ist essenziell für die Lebensvorgänge und in jeder Zelle enthalten. Und (fast) jede Zelle besitzt mechanosensitive Zellen …

Garten-Tipp: Musik für Weintrauben

Wenn Sie testen möchten, wie Wein von beschallten Trauben schmeckt, so können Sie sich an den österreichischen Winzer Andreas Nikolai wenden: In seinen Weinbergen läuft seit 2014 Vivaldi, aus Rücksicht auf Land und Leute natürlich nur während der üblichen Arbeitszeiten – aus den geernteten Trauben macht er einen musikalischen Rotwein. Sogar im Fass wird der zu Wein gärende Most mit Klaviermusik beschallt, da die Schallwellen der Musik den Most in Bewegung versetzen und verbessern würden.

Eine Kuriosität unter den Musikentwicklungen für Pflanzen ist die Quantenmusik nach Sternheimer. Die vom französischen Physiker Joël Sternheimer entwickelte Quantenmusik solle das Wachstum der Pflanzen steigern. Um diese Wirkung zu erreichen, würde eine tägliche Dosis von drei Minuten seiner Quantenmusik (Protéodie) ausreichen, der die Pflanzen ausgesetzt sind. Sternheimer ging davon aus, dass beim Ein- und Zusammenbau von Aminosäuren zu Eiweißen Töne entstehen. Sie ertönen so lange, wie der jeweilige Prozess dauert. Seine Quantenmusik besteht nun genau aus den Tönen, deren Frequenz ein Vielfaches dieser Eiweißentstehungstöne sind. Das Verfahren, wie Sternheimer zu den Originaltönen und den Tönen seiner Quantenmusik gekommen ist, lesen Sie im Patent EP 0648275 vom 28.11.2002.

Lieblingstöne der Pflanzen

Dass in all diesen Experimenten, Versuchen und Studien verschiedene Pflanzen unterschiedlich bzw. überhaupt auf verschiedene Musik reagieren, verwundert nicht. So stellten Lee und Mitarbeiter ab 2002 in Experimenten an Gurke, Chinakohl, Frühlingszwiebel, Zwiebel, Kohl, Kürbis, Landnelke und Mädesüß ebenfalls fest, dass jede dieser Pflanzen unterschiedlich auf dieselben Reize reagiert.

Daher eröffnet sich für Sie das große freie Feld von eigenen Versuchen, die Sie vielleicht ja auch schon unternommen haben. Vielleicht haben Sie sogar schon eigene Erfahrungen gemacht und beobachtet, dass Ihre Zimmerpflanzen besonders gern sanfte, mit Vogelstimmen unterlegte Yogamusik mögen oder eben auch Mozart, Vivaldi und Bach. Vielleicht mögen Ihre Pflanzen gern diese Musik, weil Sie sie mögen.

Obwohl die Wirkung von Musikstücken (bisher) nicht als Ganzes nachgewiesen wurde – was kein Beweis dafür ist, dass sie es tatsächlich nicht tut –, gibt es Belege dafür, dass es einzelne Frequenzen gibt, die Keimung und Wachstum von Pflanzen positiv beeinflussen. Dazu gehört der Bereich von 220 bis 250 Hertz (Bienensummen). Nimmt man auf der einen Seite das Summen von Hummeln und auf der anderen die positiven Erfahrungen mit Frequenzen um

440 Hertz hinzu, so kommt man auf den wirkungsvollen Bereich niedriger Frequenzen zwischen 100 und 500 Hertz. Deutlich höhere Frequenzen hingegen hemmen Keimung und Wachstum von Pflanzen.

Wissenschaftliche Erkenntnisse zur Wirkung auf Pflanzen gibt es auch in Bezug auf die Lautstärke. Bei leiser Musik treffen die Schallwellen sanft auf den Pflanzenkörper, bei lauter Musik prallen sie mit voller Wucht auf Blätter, Stängel und Blüten. Das macht einen Unterschied, nicht nur bei Ihnen, sondern auch bei den Pflanzen. Werden die mechanosensitiven Kanäle mit leichten Schwingungen getroffen, so erzeugt das bei den Pflanzen einen leichten Stress – das ist gut, denn Pflanzen, die mitten im Leben stehen und die Einflüsse der Umgebung auf sanfte Weise erfahren, werden robuster. Robustere Pflanzen sind nicht nur gesünder, können besser auf ungünstige Situationen wie das Auftreten von pflanzenfressenden und -saugenden Tierchen, Trockenheit oder Frost reagieren, sondern bilden auch leckere Früchte. Laute Musik hingegen führt in vielerlei Ohren zu Stress, den wir Menschen beim Tanzen vielleicht lieben, bei ständigem Verkehrs- oder Laubbläserlärm fühlen wir uns aber genauso gestresst wie Pflanzen und Tiere. Je lauter die Musik und je länger der Lärm, umso gestresster sind auch Pflanzen – und Stress wirkt sich bei Pflanzen genauso aus wie bei Mensch und Tier: Sie schwächeln, werden krank und darben dahin. Daher wäre selbst das schönste Oratorium von Johann Sebastian Bach oder Klaviermusik von Wolfgang Amadeus Mozart für Pflanzen eine Qual, wenn sie diskolaut mit 100 Dezibel gespielt würde.

Pflanzen können fühlen, tasten und berühren

Der Tastsinn beschreibt die Fähigkeit von Lebewesen – Pflanzen, Tiere, Menschen –, Berührungen wahrzunehmen sowie Oberflächen zu erspüren.

Um diese taktilen Reize zu spüren, braucht das Lebewesen sensible, empfindliche, mit Mechanorezeptoren besetzte Körperoberflächen. Diese sind bei den Insekten und vielen anderen Kleintieren vor allem in den Fühlern, Antennen, Tastern (Palpen) und Greifern am Kopf lokalisiert, aber auch auf Beinen und Füßen. Fische besitzen als Ferntastsinn für Wasserströmungen, Erschütterungen und Schallwellen, die ihren Körper berühren, das empfindliche Seitenlinienorgan an den Körperseiten, um Nahrung und Untergrund berührend zu erkunden sind Barteln im Maulbereich und Fäden an den Brustflossen zuständig. Bei den Vögeln sind Schnabel (ähnlich wie unsere Lippen) und Zunge sehr sensibel – sie können damit Insekten unter der Rinde, im weichen Watt- und Erdboden ertasten. Spechte besitzen zudem reichlich Tastsinneszellen auf den Zehen ihrer Füße.

Säugetiere haben eine große Vielfalt an Tastsinnesorganen, die auf den Tasthaaren (Schnurrhaaren, Vibrissen) im Gesicht, auf Beinen und Pfoten, beim Maulwurf sogar auf dem Schwanz sitzen sowie in der Haut auf der Schnauze oder dem Rüssel bei Schweinen und Elefanten. Beim felllosen Menschen sitzen zudem viele Tastsinneszellen als freie Nervenendigungen in der Haut. Besonders dicht sitzen sie auf den Fingerkuppen, auf den Lippen und der Zunge – dort können Sie am genauesten tasten und erhalten tastend die feinsten Eindrücke von der Oberfläche, die Sie berühren: Sie können zwei Reize voneinander unterscheiden, die einen Abstand von weniger als einem Millimeter haben. Auch die Fußsohlen sind recht sensibel, während auf dem Rücken nur Reize mit einem Abstand von sechs bis sieben Millimetern unterscheidbar sind.

»Bei den Pflanzen hängen Riechen und Schmecken sowie Hören und Tasten eng zusammen, da sie jeweils von denselben Rezeptoren wahrgenommen werden.«

Die Tastrezeptoren der Pflanzen

Die zuständigen Sinneszellen fürs Tasten haben Sie schon beim Hören kennengelernt – es sind die mechanosensitiven Ionenkanäle in den Zellen (siehe S. 56). Wie alle Sinneswahrnehmungen sind sie – wegen der Gefahr durch einen einzigen Bissen eines Pflanzenfressers abhandenzukommen – auf große Bereiche des gesamten Pflanzenkörpers verteilt und nicht so wie bei den meisten Tieren in einigen Sinnesorganen an bestimmten Stellen konzentriert. Pflanzen besitzen also Millionen berührungsempfindliche Punkte, verteilt auf der ganzen Pflanze. Über diese berührungsempfindlichen Punkte bekommt die Pflanze wichtige Informationen: Wenn an einer Pflanze am Wegrand ständig Menschen oder Tiere vorbeistreifen, wächst sie weniger in die Richtung, in der sie immer berührt wird. So sorgt die Pflanze dafür, dass sie nicht ständig Berührungsreize bekommt. Steht eine Pflanze an einer Stelle, an der der Wind vor allem aus einer Richtung bläst, wie etwa an der Küste oder einem Berghang, – reizt der Wind ständig die mechanosensitiven Kanäle und die Pflanze reagiert darauf, indem sie sich dem Wind entgegenstemmt. Zudem bleiben die Pflanzen, die durch den Wind gestreichelt werden, kleiner, aber sie werden kräftiger. Das können Sie sogar bei Bäumen und Büschen sehen, denn im Lauf ihres Wachstums werden sie bald schief stehen oder ihre Krone vom Wind wegweisen. In Gebieten, in denen jedes Jahr viele Monate lang Schnee auf den Ästen liegt, verstärken Bäume und Büsche die Äste, damit sie die Schneelast besser tragen können. Die Schneelast erzeugt einen Druck, der im Bereich von Ästen und Stamm zu mechanischen Spannungen führt. Diese nehmen die mechanosensitiven Kanäle in diesem Bereich wahr und es entstehen genau dort durch Anlagerung von Cellulose Zonen mit vermehrtem Holzzuwachs, das sogenannte Reaktionsholz. Bei Laubbäumen befindet es sich als Zugholz auf der Oberseite von Stamm und Ästen, bei Nadelbäumen hingegen als Druckholz auf deren Unterseite.

Bäume nehmen auch wahr, wenn ihre Früchte im Lauf des Sommers immer schwerer werden und die Äste peu à peu immer mehr nach unten gezogen werden. Wilde Früchte bleiben naturgemäß recht klein, aber die Früchte unserer gezüchteten Apfel-, Birnen-, Quitten-, Kiwi- und anderen Obstsorten haben schon ein beträchtliches Gewicht. Man kann sich vorstellen, wie erleichtert ein Baum ist, wenn nach der Ernte Druck und Spannung auf Stamm und Äste endlich nachlassen. Vielleicht mögen Sie in Ihrem Garten voll mit Obst behängte Ästen durch Stangen abstützen – auch damit sie nicht abbrechen.

Garten-Tipp: Pflanzen berühren

Auch jede Ihrer Pflanzen zu Hause, egal ob im Zimmer, auf Balkon und Terrasse oder im Garten, egal ob Sommerblume, Staude, Obst, Gemüse, Kräuter oder Sträucher und Bäume, besitzt unzählige berührungsempfindliche Punkte am ganzen Pflanzenkörper. Wenn Sie Blumen in der Vase drapieren, Blätter bei der Kontrolle auf Schädlinge umdrehen, Tomaten ausgeizen oder die Pflanze berühren, selbst wenn Sie an einzelnen Blättern beim Wandeln durch den Garten entlangstreifen – all dies bekommt die Pflanze mit. Sie spürt, wenn sie berührt wird, so wie Sie spüren, wenn jemand Sie berührt. Und ebenso wie Sie spüren, ob die Hand des Gegenübers kalt oder warm ist, ob Ihre Hand fest oder sanft drückt – genauso spürt die Pflanze die Wärme oder Kühle Ihrer Haut oder mit wie viel Druck Sie die Pflanze anfassen. Wie wäre es, wenn Sie Pflanzen nicht nur anschauen oder mit ihnen reden, sondern sie sanft streicheln?

Was halten Sie weiterhin von der Idee, Ihre Pflanzen durch bloßes Streicheln statt mit der Schere dazu zu bringen, nicht so groß zu werden? Bei Basilikum wird das tatsächlich so gemacht. Weil sich Basilikumpflanzen in den Gemüseabteilungen der Supermärkte besser verkaufen, wenn sie klein und kompakt sind, haben sich die Gärtner in den Gewächshäusern, in denen die Pflanzen für den Verkauf heranwachsen, etwas Raffiniertes ausgedacht – sie kennen nämlich die Sprache der Pflanzen. Und so werden dort die Basilikumpflanzen mit großen Besen gestreichelt, damit sie nicht hoch werden. In einer anderen Gärtnerei, die Futterkräuter für kleine Nagetiere kultivieren, werden die Pflanzen 80-mal am Tag von oben mit einem kräftigen Luftstrom angepustet – auch das hält sie kleiner. Forscher wie Janet Braam von der Rice Universität Houston, Texas haben das auch in Versuchen erforscht: Sie fanden heraus, dass die Acker-Schmalwand *(Arabidopsis thaliana)*, die Sie schon auf Seite 26 kennengelernt haben, viel kleiner und kompakter wächst, wenn sie jeden Tag mehrmals angefasst wird, als solche, die man ganz in Ruhe lässt. Sogar nur dreimal täglich Streicheln hat zu sichtbaren Veränderungen des Wuchses geführt. Und noch was stellten die Forscher fest: Die gestreichelten Pflanzen blühten viel später als die aus der unberührten Kontrollgruppe. Fazit: Beim Streicheln, Pusten und sogar beim regelmäßigen Besprühen mit Wasser werden die Pflanzen kräftiger, robuster und widerstandsfähiger – und sie blühen später, was im Fall der Basilikumpflanzen ja auch gut ist.

Info: Haben Pflanzen Schmerzen?

Manchmal liest man, dass Pflanzen Schmerz spüren können. Diese Frage kann man jedoch mit Nein beantworten. Pflanzen spüren jede Form von Berührung, aber sie haben zu diesen Berührungsempfindungen keine Gefühle, keine subjektive Meinung – dazu fehlt ihnen ein Gehirn mit dem entsprechenden Zentrum. Menschen spüren Berührungen, empfinden dieselbe Berührung aber individuell unterschiedlich: Was dem einen schon weh tut, empfindet der andere nur als leichten Druck. Diese unterschiedlichen Empfindungen liegen meist nicht an unterschiedlich sensiblen Sensoren, sondern an unseren negativen und positiven Erfahrungen während unseres Lebens. Diese werden im Gehirn als Ängste, Traumata, Ekel, Freude und Ähnliches gespeichert und als gedankliche oder körperliche Erinnerungen aufgeweckt, wenn bestimmte Reize auftreten. Doch all diese negativen Eindrücke im Hirn kann man heilen – Pflanzen hingegen sind frei von jeglichen Erinnerungen.

Wurzelspitzen gehören – ähnlich unseren Fingerspitzen – zu den berührungsempfindlichsten Teilen der Pflanze – kein Wunder. So wie wir tastend mit unseren Fingerkuppen die Umwelt erkunden, dabei feinste Unebenheiten oder winzigste Spreißeln spüren, die so klein sind, dass wir sie gar nicht mit dem bloßen Auge erkennen können, genauso machen es die Wurzelspitzen, die wie ein Haarpelz an den Enden der Wurzeln sitzen, unterirdisch. Unermüdlich, bei Tag ebenso wie bei Nacht, wachsen sie durch den Boden, dabei legen sie ein Millimeter in der Stunde zurück. Stoßen sie auf ein Hindernis – einen Stein, die Hauswand, die Hauptwurzel eines Baums –, dann ertasten die unzähligen mikroskopisch feinen Härchen an den Wurzelspitzen mit ihren mechanosensitiven Ionenkanälen in den Zellen dieses Hindernis, um herauszufinden, wohin sie wachsen können. Das funktioniert nach demselben Prinzip wie Streicheln und Pusten. Die Härchen, die auf einen Widerstand stoßen, hören auf zu wachsen – die Härchen, die auf keinen Widerstand stoßen, wachsen weiter, am Hindernis entlang, bis sie wieder freie Fahrt haben und es weitergeht durchs Erdreich. Dadurch sind Wurzeln so flexibel und durchdringen den Boden, ja, finden dadurch feinste Ritzen und Spalten im Asphalt, um ihn zu durchdringen. Bei Topfpflanzen, die schon lange im Pflanzgefäß stehen, können Sie dieses Wachstum der Pflanzenwurzeln sehen: Die Wurzeln wachsen rundherum an der Gefäßwand – und wenn Sie den Wurzelballen vorsichtig herausnehmen, hat er genau die Form des Topfes.

Während die Millionen Wurzelhaare einer Pflanze in den Boden hineinwachsen, spüren sie aber nicht nur die Konsistenz des Bodens und jedes Hindernis, sondern analysieren gleichzeitig wie ein kleines chemisches Labor die chemische Zusammensetzung des Bodens. Dabei nehmen sie feinste Konzentrationen der Nährelemente ebenso wie Wasser und sogar giftige Substanzen wie Blei oder Kadmium wahr und spüren sogar im dreidimensionalen Bodenraum, in welche Richtung die Konzentrationen ab- und zunehmen. Dann wachsen die Wurzelspitzen – mit größtmöglichem Abstand zu Giften – genau dorthin, wo es die benötigten Nährelemente und Wasser gibt – und diese nehmen sie nicht nur wahr, sondern sogar auf. Chapeau!

»Wurzelspitzen gehören – ähnlich unseren Fingerspitzen – zu den berührungsempfindlichsten Teilen der Pflanze.«

Manchmal liest man, dass Pflanzenwurzeln intelligent seien. Dem kann ich nicht zustimmen, denn auch dazu fehlt den Pflanzen ein Gehirn. Sie erkennen zwar die benötigten Substanzen und wandern dorthin, aber dabei folgen sie einem inneren Plan. Eine Pflanzenwurzel käme niemals auf die intelligente Idee, doch einfach aus dem Boden herauszuwachsen in Richtung Gartenhaus, wo der Sack mit Hornspänen steht, um sich direkt an ihnen zu bedienen. Der Pflanzenwurzel bleiben stets nur die Möglichkeiten an Analysieren, Wahrnehmen und Wachsen, die in ihrem „Pflanzenprogramm“ und Bauplan enthalten sind.

Pflanzen spüren Enge

In 65 verschiedenen Studien wurde der Einfluss der Pflanztöpfe auf das Wachstum von Pflanzen untersucht. Dabei wurde querbeet eine große Anzahl von über 80 verschiedenen Pflanzen getestet, Tomaten und Kräuter ebenso wie Mais, Weizen, Gerste oder Kakteen, Birkenfeigen *(Ficus)* oder sogar Eichen, die in Pflanzgefäßen von Milliliter- bis 1.700-Liter Volumen reichte. Zu der Binsenweisheit „Je größer der Topf, umso größer werden die Pflanzen" lieferten die Studien konkrete Zahlen: Bei doppeltem Topfvolumen legen die Pflanzen 43 Prozent mehr Pflanzenmasse zu, bei zehnfachem Topfvolumen sind es 300 Prozent.

In den ersten Wochen nach dem Ein- und Umtopfen in frische Erde macht sich der Wachstumsunterschied nicht bemerkbar, das gilt für junge, kleine Pflanzen ebenso wie für alte und große. Doch nach ein paar Wochen verlangsamt sich deutlich das Wachstum der Pflanzen in kleineren Töpfen gegenüber ihren Kollegen in größeren, das belegen die verschiedenen Studien. Die Forscher wollten auch wissen, wieso die Pflanzen in kleinen Töpfen kleiner bleiben. Dazu untersuchten sie nicht nur die Zunahme der Pflanzenmasse (als Indiz für das Wachstum), sondern auch die Fotosyntheserate (siehe S. 22). Und siehe da: Pflanzen, die im Vergleich zur Kontrollgruppe in doppelt so großen Pflanzgefäßen wurzeln, haben eine um 30 Prozent höhere Fotosyntheserate. In kleinen Töpfen reduzieren die Pflanzen die Fotosynthese, sodass sie weniger Zuckerverbindungen herstellen und somit weniger stark wachsen. Werden diese Pflanzen von kleinen in größere Pflanztöpfe umgesetzt, fahren sie die Fotosynthese wieder hoch. Nun könnte man leicht auf den Gedanken kommen, dass in kleineren Töpfen weniger Substrat ist und damit folglich weniger Wasser und weniger Nährstoffe für die Fotosynthese zur Verfügung stehen. Doch die Forscher untersuchten auch das: Den größten Einfluss auf das Zurückfahren der Stoffproduktion durch Fotosynthese haben die Pflanzenwurzeln: Im Topf wachsen nur 25 Prozent der Wurzeln einer Pflanze zur Topfmitte hin, 50 Prozent – also die Hälfte aller Wurzeln – wachsen nach außen von der Pflanze weg. Dort stoßen sie bald an die Topfwand – und wenn das geschieht, geben die Zellen der Wurzelspitzen ein Signal ab (vermutlich in Form von Phytohormonen, also Pflanzenhormonen, genau erforscht ist das noch nicht), dass zu den Blättern gelangt und dort zum Runterfahren der Fotosynthese führt. Wurzelspitzen sind ungeduldig: Wenn sie beim Wachstum nur zehn Minuten lang einen Widerstand spüren, etwa an der Topfwand, dann reagieren sie schon – und das Wachstum geht aufgrund reduzierter Fotosynthese messbar zurück. Wurzeln nehmen über ihre berührungsempfindlichen Ionenkanäle in den Wurzelspitzen auch genau wahr, wie groß der Raum im Topf ist.

Auch im Garten gibt es im Boden Hindernisse für die Pflanzenwurzeln, die Hauswand etwa oder die Trockenmauer. Dort reagieren die Pflanzenwurzeln genauso wie im Topf und senken die Fotosyntheserate – aber im Garten sieht die Gesamtszene anders aus als im Topf: Während die Wurzeln in getopften Pflanzen rundum auf Hindernisse in Form des Pflanzgefäßes treffen, gibt es im Garten ein solches nur an einer oder zwei Seiten der Pflanze. In die anderen Richtungen haben die Wurzeln freie Fahrt!

Vor diesem Hintergrund können Sie sich nun in einen Baum in einer Fußgängerzone oder am Straßenrand hineinversetzen, dessen Wurzeln rundum durch Fundamente von Gebäuden, Straßen und Wegen begrenzt sind …

Garten-Tipp: Rechtzeitig umtopfen

Topfen Sie Ihre Kübel-, Balkon- und andere getopfte Pflanzen rechtzeitig um! Die Wurzeln brauchen genügend Raum im Substrat. Wenn die Wurzeln Ihrer Pflanzen den Topfrand erreicht haben, wird es Zeit zum Umtopfen. Ragen die Wurzeln unten schon aus dem Topf heraus oder ist der Wurzelballen so kompakt, dass er beim vorsichtigen Herausnehmen schon genau die Form des Topfes angenommen hat, dann haben Sie den richtigen Zeitpunkt schon verpasst: Schleunigst umtopfen heißt es jetzt! Doch wie finden Sie die richtige Mindesttopfgröße? Die Wissenschaft sagt: „Pro Gramm Trockenbiomasse der Pflanze sollte ein Liter Topfvolumen zur Verfügung stehen." Die Trockenbiomasse ist die Masse der Pflanze minus Wassergehalt. Wenn man von einem ungefähr durchschnittlichen Wassergehalt von 90 Prozent ausgeht, entsprechen 10 Prozent des Pflanzengewichts ungefähr der Trockenbiomasse. Ein Beispiel: Wiegt Ihre Pflanze (ohne Topf und ohne Erde) 500 Gramm, so ist die Trockenbiomasse ungefähr 50 Gramm – nach der Empfehlung der Wissenschaftler bräuchte diese Pflanze einen Topf mit 50 Liter Substrat. Solche Topfgrößen sind weder im Zimmer noch auf den Balkon, selbst auf Terrassen nicht machbar. Wenn Sie diese Zahlen aber im Kopf behalten und beim nächsten Topfkauf in Erinnerung rufen, wählen Sie vielleicht einfach den größtmöglichen Topf.

Ranken & klettern

Haben Sie schon einmal beobachtet, wie die fadenförmigen, bei manchen Pflanzen auch verzweigten Enden (also eigentlich die Fortsetzung des Blattstiels), der fein gefiederten Blätter von Wicken oder Platterbsen, beides beliebte Rankpflanzen, immer länger werden und weit in den Raum hineinreichen? Dabei machen sie – im langsamen Pflanzentempo, sichtbar in Zeitrafferaufnahmen – kreisende Bewegungen. Weil die Ranke dabei immer weiterwächst, erreicht sie einen immer größer werdenden Radius. Hat diese Ranke einen Gegenstand erreicht – egal, ob ein Stängel, eine Sprosse im Rankgerüst, eine Schnur oder das Balkongeländer –, so beginnt sie wie ein Korkenzieher den Gegenstand zum umwickeln. Das geht so schnell, jedenfalls für pflanzliche Bewegungen und Wachstum, dass man schier zugucken kann, wie sich Wickel um Wickel um den Halt windet. Solche Ranken können auch Weinreben *(Vitis vinifera)*, Waldreben *(Clematis)*, Passionsblumen *(Passiflora)*, Erbsen *(Pisum)*, Zierkürbisse *(Cucurbita)* und Gurken *(Cucumis)*, sowie die giftigen

Zaunrüben *(Bryonia dioica)* bilden. Für die Pflanze sind diese Ranken wichtig: Mit ihrer Hilfe erklimmen diese Kletterpflanzen Bäume und andere Pflanzen, im Garten Zäune, Geländer, Pergolen und Lauben, um sich über die anderen Pflanzen zu erheben und dem Licht näher zu sein. Oben ist das Ziel der Pflanzen und sie erreichen es dank der Ranken, die sich überall festhalten können, was vom Umfang her mit den Korkerzieherlocken umschlungen werden kann.

Garten-Tipp: Kletterpflanzen für den Garten

Abgesehen davon, dass es faszinierend ist, die zielgerichteten Bewegungen der Ranken live zu beobachten und vielleicht sogar mit einer Slow-Motion-Kamera aufzunehmen, dürfen Rank- und andere Kletterpflanzen eigentlich in keinem Garten fehlen. Vor allem mit den einjährigen können Sie wunderbar triste Wände und Ecken lebendig bunt gestalten. Unter diesen einjährigen Kletterpflanzen sind dies meine Lieblingspflanzen: Alle sind unkompliziert, pflegeleicht, für jeden geeignet und blühen an sonnigen bis halbschattigen Plätzen und auch im Topf:

- Duftwicke *(Lathyrus odoratus)*
- Feuerbohne *(Phaseolus coccineus)*, ihre Bohnen sind nur gekocht essbar, roh giftig! Sie wird auch Blumenbohne, Käferbohne, Prunkbohne, Schminkbohne und Türkenbohne genannt.
- Glockenrebe *(Cobaea scandens)*, wird bei uns einjährig kultiviert, da sehr frostempfindlich
- Hokkaidokürbis *(Cucurbita maxima)*, braucht wegen der schweren, essbaren Früchte ein stabiles Rankgerüst (auch Zierkürbisse bieten sich an, diese sind aber nicht essbar, sondern nur schön)
- Kapuzinerkresse *(Tropaeolum)*, auf kletternde Sorten achten. Die essbaren Blüten und Blätter haben einen scharfem Kressegeschmack.
- Prunk- und Trichterwinden *(Ipomoea)*
- Schwarzäugige Susanne *(Thunbergia alata)*

Die Ranken nehmen also nicht nur das Licht wahr und woher es kommt (siehe S. 16 ff.), sondern sind so berührungsempfindlich wie die Wurzelspitzen oder unsere Fingerkuppen. Sie wissen schon, wer auch bei diesen Pflanzen fürs Tasten zuständig ist – die mechanosensitiven Ionenkanäle in den Zellen an den Rankenspitzen. Berühren die Spitzen der Ranken etwas, dann beginnen die Ranken auf diesen Berührungsreiz hin sich beim weiteren Längenwachstum zu krümmen und den Gegenstand zu umwickeln. Das geschieht, indem stets die Seiten der Ranke, die den Gegenstand berühren, langsamer in die Länge wachsen als die gegenüberliegenden Rankenseiten – und schon wickelt sich die Ranke wie ein Korkenzieher.

Übrigens gibt es unter den rankenden Pflanzen solche, die sich wie Hopfen *(Humulus lupulus)* stets rechtsherum wickeln, und andere, die sich immer linksherum wickeln (ähnlich wie es bei den Schnecken Arten mit links- und mit rechtsgewundenem Gehäuse gibt, was auch als Bestimmungsmerkmal gilt).

Neben den Rankpflanzen gibt es bei den Kletterpflanzen auch Schlingpflanzen wie Blauregen *(Wisteria)*, Geißblatt *(Lonicera)*, Schling-Knöterich *(Fallopia)*, Purpur-Prunkwinde *(Ipomoea purpurea)* oder Stangen- und Feuerbohnen *(Phaseolus)*. Bei ihnen windet sich keine Ranken um einen Gegenstand, sondern der ganze Spross windet sich und umwickelt den Gegenstand, am besten ein Rank- und Klettergerüst. Diese Sprosse können viel umfangreichere Gegenstände umwickeln als die Ranken an den Blattenden, die bis zu bleistiftdicke Dinge schaffen. Beim wunderschönen Blauregen (dessen herrlich blauen Blüten auch gern von der Blauschwarzen Holzbiene besucht werden, ein Genuss, das zu beobachten) sollten Sie sehr aufpassen, denn die Sprosse umschlingen auch Regenrinnen und andere Strukturen am Haus. Und weil die Sprosse verholzen und jedes Jahr dicker werden, können sie aufgrund der enormen Zunahme des pflanzlichen Gewichts zu schwache Dinge herunterreißen. Darum sollten Sie hier jährlich eingreifen und die noch frischen Sprosse überall dort entfernen, wo sie Ungeeignetes umschlungen haben – diese Verbindung tut nicht gut.

Der Vollständigkeit halber seien hier noch die anderen Möglichkeiten unter den Kletterpflanzen, zum Licht hochzuklettern genannt: Da sind zum einen die Spreizklimmer wie Brombeere *(Rubus fruticosus)*, Kletterrosen *(Rosa)* und Winterjasmin *(Jasminum nudiflorum)*, die weder Ranken noch andere Haftstrukturen besitzen – sie erklimmen andere Pflanzen, Rankgerüste oder Mauern durch lange, feste Triebe, mit denen sie sich an diese Strukturen anlehnen, verkeilen, weiterwachsen, wieder anlehnen, verkeilen usw. Wo sie nichts zum Anlehnen finden, hängen die sparrigen Triebe ziemlich gerade herab. Und da sind zum anderen die Haftwurzelkletterer wie Efeu *(Hedera helix)*, Kletter-Hortensie *(Hydrangea petiolaris)* und Trompetenblume *(Campsis)*, die auf der lichtabgewandten Pflanzenseite besondere Haftwurzeln ausbilden, mit denen sie sich an Wänden, Baumrinde oder anderen Unterlagen verankern.

Zwei Sensibelchen: Mimose und Venusfliegenfalle

Zwei Pflanzen sind ganz besonders berührungsempfindlich: die Mimose *(Mimosa pudica)* und die Venusfliegenfalle *(Dionaea muscipula)*. Fast tierisch schnell klappen die fein gefiederten Blätter der Mimose „Rühr-mich-nicht-an" innerhalb von einer Sekunde nach einer Berührung, Erschütterung oder einem Luftstrom zusammen, dann klappt das ganze Blatt nach unten – allerdings nur lokal diejenigen, die auch tatsächlich gereizt wurden. Bei stärkerem Reiz klappen sogar die Zweige ein. Wenige Minuten später erholt sich die Pflanze und klappt die Fiederblätter wieder auf. Auch abends mit der abnehmenden Lichtintensität neigen sich die Blätter nach unten. Wie funktioniert das? Durch den Turgor, das ist der Druck, den die Flüssigkeit in den Zellen auf die Zellwände ausübt –

das können Sie sich so vorstellen, wie die Luft im aufgeblasenen Luftballon. Nehmen die mechanosensitiven Kanäle einen Berührungsreiz wahr, öffnen sich die Kanäle so wie die Öffnung eines Luftballons und entlassen die Kaliumionen, denen das Wasser folgt. Dadurch werden die betroffenen Zellen schlaff wie ein leerer Luftballon und die Blattfiedern klappen zusammen. Nach einer Weile erholt sich das System, die Kaliumionen werden zurückgepumpt in die Zellen und das Wasser fließt nach, die Zellen werden wieder prall und die Fiederblätter richten sich auf. Um diese Bewegungen durchzuführen, werden jedes Mal Ionenpumpen in den Zellwänden betätigt – das kostet Energie. Darum sollten Sie es vermeiden, ständig Mimosen zu berühren – auch menschlichen „Rühr-mich-nicht-an" tut das nicht gut.

Die Venusfliegenfalle gehört zu den fleischfressenden Pflanzen, die auf stickstoffarmen Böden siedelt und eine hervorragende Quelle für den mangelhaft im Boden vorkommenden Stickstoff gefunden hat: tierisches Eiweiß, etwa in Form von Fliegen, Ameisen und anderen Insekten. Was die Mimose tut, um sich zu schützen, braucht die Venusfliegenfalle, um sich zu ernähren: Sie muss sensibel auf einen Berührungsreiz reagieren. Dazu hat sie spezielle Blätter zu perfekten Fliegenfallen umgebaut. Mit dem nach außen gekrümmten zweiteiligen Fangblatt wartet die Pflanze auf Beute. Landet ein Insekt oder eine Spinne auf dem Fangblatt, bewegt es sich darauf – erst wenn es zweimal innerhalb von 20 Sekunden eine oder verschiedene winzige Fühlborsten auf den Innenseiten der Blätter berührt hat, schlagen die beiden Blatthälften mit hoher Geschwindigkeit zusammen, indem sie ihre Form von konvex nach konkav ändern: Die Beute ist gefangen und wird im geschlossenen Blatt verdaut. Damit nicht ein starker Wind oder ein herunterfallendes Blatt oder Ähnliches den energieaufwendigen Schließvorgang auslöst, hat das Blatt eine Sicherung eingebaut: raffiniert.

Fünf Sinne und noch mehr

Nun haben Sie die fünf Hauptsinne des Menschen – Sehen, Riechen, Schmecken, Hören und Tasten – bei den Pflanzen kennengelernt.

Beim Menschen käme als sechster Sinn noch der Gleichgewichtssinn dazu, der im Innenohr sitzt, sowie ein sogenannter siebter Sinn, der die Intuition sowie magische Fähigkeiten umfasst: Also etwa, wenn Sie, ohne sich umzuschauen, spüren, dass jemand hinter Ihnen steht. Auch der Temperatursinn sowie das Körperempfinden gelten als Sinne. Sie wissen stets, in welcher Position sich Ihre einzelnen Körperteile zueinander befinden und Sie können mit geschlossenen Augen ohne Probleme Ihren Fuß umgreifen.

Bei Pflanzen gibt es noch mehr Sinne: Forscher wie Stefano Mancuso proklamieren bis zu 15 weitere Sinne. Hier eine kleine Auflistung weiterer Sinne, die ich bei meinen Recherchen für dieses Buch gefunden habe:

- Pflanzen messen den Feuchtigkeitsgehalt im Boden so zuverlässig wie Messgeräte, sogar über große Distanzen.
- Pflanzen nehmen die Schwerkraft wahr, sie wissen ganz genau, auch im dunklen Erdreich, wo oben und wo unten ist. Viele Pflanzen enthalten große Stärkemoleküle in den inneren Zellen der Wurzelhaube an den Wurzelspitzen – mit diesen Stärkemolekülen nehmen Pflanzen die Schwerkraft wahr. Nach der Schwerkraft richten Pflanzen ihr Wachstum aus: Wurzeln wachsen mit der Schwerkraft nach unten, Stängel und Triebe wachsen der Schwerkraft entgegen nach oben.
- Pflanzen nehmen elektromagnetische Felder wahr. Sie registrieren zum Beispiel anhand der statischen Ladung der Pollen, wenn sich bestäubende Insekten den Blüten nähern – dann öffnen sie innerhalb von kürzester Zeit optimal die Blüten.

- Pflanzen messen die Temperatur. Forscher haben festgestellt, dass nachts die Phytochrome, die Photorezeptor-Proteine, nicht ruhen, sondern als Thermometer dienen. Phytochrome pendeln auch nachts zwischen aktivem und inaktivem Zustand hin und her – bei kühlen Temperaturen verläuft dieser Wechsel langsamer, bei wärmeren Temperaturen schneller. Verläuft der Wechsel bei kühlen Temperaturen langsam, verbleiben die Phytochrome länger in aktivem Zustand und drosseln das Wachstum der Pflanze. Je höher die Temperaturen steigen, umso schneller wechseln die Phytochromzustände und stimulieren das Pflanzenwachstum.
- Pflanzen nehmen eindeutig wahr, ob eine Pflanze dieselbe Art ist oder eine fremde. Die Wurzelspitzen sind sogar so empfindlich, dass sie erkennen, ob eine Wurzel, die sie berühren, zur eigenen Pflanze gehört oder zu einer anderen Pflanze, auch wenn beide dieselbe Art haben. Ein Beispiel: Die Wurzelspitzen von Acker-Schmalwand *(Arabidopsis thaliana)* erkennen genau, ob die Wurzeln im Erdreich zu der eigenen Pflanze oder zu einer anderen Acker-Schmalwand gehören. Wurzeln geben nämlich individuell verschiedene chemische Substanzen ins Erdreich ab – daran erkennen sie, ob es eigene oder fremde sind. Aus dem Erkennen ergeben sich in Versuchen unterschiedliche Reaktionen der Wurzeln – beim Nordamerikanischen Meersenf *(Cakile)* teilen sich die Wurzeln gemeinsam das Erdreich, während die Wurzeln von Erdbeeren und Erbsen gezielt dorthin wachsen, wo keine anderen Erdbeer- oder Erbsenwurzeln sind.

Im Netzwerk der Kommunikation

Sind Pflanzen nicht erstaunliche, ja sogar fantastische Lebewesen? Sie nehmen Licht wahr ohne Augen, sie erkennen Gerüche ohne Nase und Geschmacksstoffe ohne Zunge, sie vernehmen Schallwellen ohne Ohren und sie tasten ohne Finger. Diese Sinne und ihr Zusammenspiel mit der Umgebung zeigen, dass Pflanzen keine abgestumpften, sondern feinfühlig wahrnehmende Lebewesen sind. Das ist eine wichtige Voraussetzung, um überhaupt kommunizieren zu können. In diesem Kapitel nähern wir uns der Sprache der Pflanzen – und Sprache hat viel mit Kommunikation zu tun.

Wie Kommunikation funktioniert

In diesem Kapitel geht es um Kommunikation. Um miteinander zu kommunizieren, braucht es anders als bei der Sinneswahrnehmung mindestens noch einen zweiten Teilnehmer – nur dann entsteht eine Form von gegenseitigem Austausch.

Zwei Menschen unterhalten sich übers Wetter, andere lauschen dem Wetterbericht in Funk und Fernsehen, erkundigen sich im Gartenmarkt nach Saatgut für Wildbienenblumen oder streiten um Kleinigkeiten. Nach heftigen Auseinandersetzungen hängen Menschen weiße Friedensfahnen auf, ein rotes, rundes Schild mit einem weißen Querbalken kennzeichnet eine Straße, in die Sie nicht hineinfahren dürfen, und Mimik und Gestik drücken ziemlich unmissverständlich die innere Stimmung eines jeden aus. Vögel markieren singend ihr Revier, Wölfe tun dies heulend und Füchse mit ihrem Kot und Urin. All dies ist Kommunikation, verbale und nonverbale.

Das Wort Kommunikation stammt vom lateinischen Wort *communicatio* ab, damit sind die Verständigung untereinander und der Austausch miteinander gemeint. Für Menschen als soziale Wesen ist die Kommunikation mit anderen Menschen lebenswichtig. Jeden Tag tauschen wir untereinander Informationen aus, stimmen unser Handeln und Tun ab, beraten uns über die beste Methode, teilen dem anderen unsere Gefühle mit oder quatschen einfach über Alltägliches. Durch Kommunikation entsteht Verbindung miteinander. Auch für soziale Tiere wie Wölfe, Elefanten und sogar Honigbienen ist die Kommunikation wichtig, denn sie regeln beim Kommunizieren ihr Zusammensein, schlichten Konflikte oder sorgen für den Nachwuchs. Selbst für nicht soziale Tiere ist Kommunikation in bestimmten Lebenssituationen wichtig, etwa beim Finden eines Geschlechtspartners.

Im Reich der Tiere und Menschen dient Kommunikation verschiedenen Zwecken: zum Abgrenzen und Markieren des eigenen Reviers und Territoriums, zur Abwehr von Feinden durch aggressive Kommunikation, zum Abstimmen von Strategien bei der Jagd, zum Anlocken von Geschlechtspartnern, zur Paarung und zum Schutz des Nachwuchses sowie zur sozialen Bindung von Mutter und Kind, von Geschlechtspartnern und Paaren, von Gruppen, Trupps, Herden, Rudel, Schulen und anderen Verbänden. Und bei Pflanzen?

Kommunikation unter Pflanzen

Pflanzen sind nicht allein auf der Welt – an den Standorten, an denen sie stehen, wachsen rundherum andere Pflanzen, sowohl solche derselben als auch solche anderer Pflanzenarten. Auch Pilze können sich ausbreiten und verschiedene Tiere kommen vorbei, manche freundlich gesinnt wie die Bienen und Schmetterlinge, andere neutral oder sogar mit, aus Pflanzensicht, „zerstörerischer“, nämlich fressender Gesinnung. Wenn man sich nun vorstellt, dass all diese Lebewesen mit wahrnehmenden Sinnesorganen und -strukturen ausgestattet sind, so liegt nahe, dass sich diese Pflanzen und Tiere auch gegenseitig wahrnehmen. Das ist Voraussetzung für Kommunikation, denn ohne dies wäre es, wie gegen eine Wand zu reden.

Was sind aus pflanzlicher Sicht wichtige Themen, über die sich der Austausch untereinander lohnen würde? Pflanzen sind keine jagenden Organismen, die sich wie Wölfe oder Löwen miteinander über die jeweilige Jagdstrategie abstimmen müssen. Pflanzen treffen sich auch nicht abends am Feuer wie archaische Menschen und erzählen sich die Erlebnisse des Tages. Beim Bild der redenden Menschen fällt mir ein: Wussten Sie, dass wir Menschen nur deshalb so große Nasen haben, weil wir so viel reden? Nur dank der großen Nasen bekommen wir beim Sprechen ausreichend Luft ... Doch zurück zu den Pflanzen: Pflanzen sind sesshafte Wesen, die mit ihrem Standort, mit ihrer Heimat fest verwurzelt sind. Versuchen Sie sich einmal in einem kleinen Gedankenexperiment in die Blumen auf dem Titelbild dieses Buches hineinzuversetzen. Welche Themen gäbe es für sie, über die sie sich austauschen könnten? Alle Blüten auf dem Foto werden – so wie 90 Prozent aller heimischen Pflanzen – von Insekten bestäubt. Damit diese Bestäuber die Blüten auch finden, macht es Sinn, optisch, mit Düften und anderen Mitteln besonders attraktiv zu sein und mit den Insekten zu kommunizieren (siehe S. 56). Würden nun viele Raupen an den Blättern fressen oder Heerscharen von Läusen die Pflanze überfallen, so würde es doch Sinn machen, Fressfeinde dieser „Schädlinge" zu rufen (siehe S. 151) oder aber andere Pflanzen davor zu warnen (siehe S. 119). Sie ahnen, wie sinnvoll auch für Pflanzen der Informationsaustausch untereinander und mit verschiedenen Tieren ist.

Sprachen und Zeichen

Die Mittel der Kommunikation sind Sprachen und Zeichen. Dazu gehören nicht nur die über 1.000 verschiedenen Sprachen der Menschen, sondern auch andere Ausdrucksformen. Dabei können wir unterscheiden:

1. **Akustisch** kommunizieren übers Hören: Hierbei sind Sprache, Laute, Töne, Gesänge, Rufe unter den Menschen und Tieren weitverbreitet, etwa als Gesang bei Vögeln und Heuschrecken, als Heulen bei Wölfen, als Bellen bei Rehen. Mit dem Klappern ihres Schwanzes macht die Klapperschlange Mäuse und andere Beutetiere auf ihren Schwanz aufmerksam, um sie leichter erbeuten zu können. Ratten unterhalten sich mit ultrahohen Fieptönen, die zumeist oberhalb unseres menschlichen Hörvermögens sind. Auch bei den Pflanzen gibt es Ansätze, dass auch sie sich möglicherweise und vielleicht über Töne austauschen … (siehe S. 127)

2. **Optisch** kommunizieren übers Sehen: Dazu gehören Körpersprache wie Mimik und Gestik, aber auch Warnfarben oder andere Warnsignale wie etwa die Augenzeichnungen auf den Flügeln von Tagpfauenauge und anderen Schmetterlingen. Glühwürmchen kommunizieren über Blinksignale miteinander, viele Tiere über besonders gefärbte oder auffallende Körperteile. Pfauenmännchen teilen ihre Kraft den Weibchen mit ihrem aufgestellten Schwanzfächer mit, Wölfe drohen mit gefletschten Zähnen. Diese Form der Kommunikation findet man bei Pflanzen, etwa im Austausch mit bestäubenden Insekten (siehe S. 156).
3. **Taktil** kommunizieren über Tasten und Berühren: Ameisen erkennen sich nicht nur individuell über das Betasten mit ihren Fühlern (Antennen), sondern tauschen dabei auch Informationen aus. Honigbienen haben im Dunkeln des Stocks eine hochkomplexe Tanzsprache entwickelt, über die sie ihren Stockgenossinnen zielgenau Ort und Menge einer ergiebigen Nektarquelle wie ein Rapsfeld mitteilen.
4. **Olfaktorisch** kommunizieren übers Riechen: Dazu zählen die Duftmarken, die Hunde, Katzen, Marder, Bären und viele andere Tiere setzen, um die Grenzen ihres Territoriums zu markieren. Und dazu gehören auch die Pheromone, mit denen Nachtfalter oder Borkenkäfer ihre Geschlechtspartner finden, sowie die Duftwolken, anhand derer Rüden und andere Säugetiermännchen läufige und deckungsbereite Weibchen erkennen. Auch die Parfümindustrie bespielt mit ihren vielfältigen Duftprodukten für Damen und Herren die olfaktorische Ausdrucksform. Kennt man die olfaktorischen Worte – sprich Duftmoleküle – die Borkenkäferweibchen aussenden, um die Männchen anzulocken, so kann man diese im Rahmen der Forstschädlingsbekämpfung als Pheromonfallen dafür einsetzen, die Männchen abzufangen: Bei einem Spaziergang durch den Wald können Sie diese ebenso entdecken wie kleine, braune in Wein-

bergen aufgehängte Pheromonampullen zum Abfangen von zwei schädlichen Traubenwicklerarten. Gerüche haben auch im Pflanzenreich eine Bedeutung (siehe S. 151, 168, 190).

Bei der Kommunikation werden diese verschiedenen „Sprachen" oft nicht allein eingesetzt, sondern oft mehrere miteinander verknüpft – also etwa optische und akustische Signale bei der Balz der Vögel oder in der stark mit Mimik und Gestik unterlegten Kommunikation zwischen Menschen, Wölfen und Hunden.

Sender und Empfänger

All diese verschiedenen Ausdrucksformen oder „Sprachen" der Kommunikation sind, wie es der Sprachtheoretiker Karl Bühler (1879–1963) in seinem theoretischen Organon-Modell ausdrückte, Werkzeuge, mit denen ein Lebewesen einem anderen etwas vermitteln will und mit denen Informationen von einem Sender zu einem Empfänger übertragen werden. Dazu braucht es eben mindestens einen Sender und einen Empfänger. Dabei müssen sowohl der Sender als auch der Empfänger dazu fähig sein, die Informationen so zu übermitteln und so zu empfangen, dass sie verstanden werden.

Empfängerstrukturen sind die auf Seite 11 beschriebenen Sinnesorgane und Sinneszellen. Sie empfangen Botschaften von der Außenwelt, darunter eben auch die Signale der Sender. Darum kann ein jedes Lebewesen nur die gesendeten Informationen empfangen, für die es empfänglich ist – uns Menschen beispielsweise erreichen weder die UV-Farbsignale der Blüten und Vogelfedern noch die Ultraschalllaute der Fledermäuse, schlichtweg weil diese Signale sich außerhalb der Empfindlichkeitsbereiche unserer Sinnesorgane befinden. Um miteinander kommunizieren zu können, muss der Sender genau auf der Wellenlänge und in dem chemischen Bereich senden, in dem der angesprochene Empfänger auch empfangsbereit ist. Ansonsten gehen die Botschaften ins Leere. Sender und Empfänger müssen sich über längere Zeiträume kennen, was innerartlich ja kein Problem, zwischen verschiedenen Arten wohl aber eines ist. So gesehen fällt es gleichartigen Tieren und Pflanzen wohl recht leicht, miteinander zu kommunizieren – bei Pflanzen und Tieren verschiedener Arten gelingt Kommunikation am besten, je länger diese schon zusammenleben. Beispiele verdeutlichen dies: Bienen und Salbeiblüten leben schon so lange miteinander, dass sich ihre Körper bestens aneinander angepasst haben – darum kann die Salbeiblüte ein Pollenpaket exakt auf den Körper der Bienen kleben, an der es wiederum exakt auf die Narbe der nächsten Blüte trifft.

Je länger Sender und Empfänger miteinander zu tun haben, umso besser sind sie aufeinander abgestimmt und umso besser funktioniert das Miteinander und die Kommunikation. Dann verstehen sich diese beiden „blind". In bestehenden Lebensräumen und Ökosystemen leben verschiedene Pflanzen- und Tiergesellschaften – unter optimalen Bedingungen – schon sehr lange miteinander. Das sieht im Garten meist anders aus: Auf Gemüse- und Salatbeeten wächst an vielen Stellen alljährlich anderes Grünzeug und auch im Garten gibt es eine bunte Pflanzenmischung aus heimischen Wildkräutern (gern Unkraut genannt) plus die Pflanzen, die der jeweilige Gärtner aus individuellen Gründen angepflanzt hat: Im Naturgarten sind es (hoffentlich) vorwiegend heimische Gehölze, Stauden, Blumen und Gräser, in den meisten Ziergärten überwiegen gezüchtete oder aus anderen Ländern und Kontinenten eingeführte Pflanzenarten. Eine Kommunikation unter diesen Pflanzen könnte man sich aus menschlicher Sicht ähnlich vorstellen wie die bei einer EU-Sitzung: Jeder spricht in seiner Sprache, die der andere nur dank eines Synchronübersetzers verstehen kann. Zum Glück scheinen bei den Pflanzen die Fremdsprachenkenntnisse besser zu sein – artübergreifend empfangen die pflanzlichen Sinnesorgane wohl auf sehr ähnliche Weise, sodass die Kommunikation untereinander besser klappt.

Info: Kommunizieren lernen von Pflanzen

Kommunikation kann nur gelingen, wenn beide – Sender und Empfänger – dazu beitragen. Zur guten Kommunikation gehört nicht nur das Senden, also Reden, sondern auch das Empfangen, also Zuhören. Vor allem im Zuhören sind wir Menschen nicht besonders gut, denn allzugern hören wir nicht neutral das, was der andere sagt, sondern mischen in jeden Satz unsere eigenen Gedanken mit hinein und interpretieren das Gesagte. Somit kommen die Botschaften des anderen nicht in ihrer ursprünglich gemeinten Bedeutung bei uns an, sondern wie durch eine mit unseren persönlichen Geschichten gefärbte Brille. Pflanzen und Tiere kommunizieren viel klarer und deutlicher miteinander. Sie reden nur, wenn sie etwas zu sagen haben – und während sie reden, hören die anderen zu. Wenn es nichts zu reden gibt, halten Pflanzen und Tiere einfach die Klappe, entspannen sich und ruhen. Davon können wir lernen. Oftmals denke ich, wenn ich Menschen reden höre, dass eigentlich schon alles gesagt ist, aber wohl noch nicht von jedem.

Beim Kommunizieren erwarten wir eine Reaktion von unserem Gesprächspartner, denn durch Kommunikation kommen zwei oder mehr Lebewesen in eine wechselseitige Beziehung. So wie die gesendete Botschaft aus einer Kombination von verschiedenen Sprachen (akustisch, optisch, chemisch) bestehen kann, so geschieht auch die Reaktion des Gegenübers in all den verschiedenen Ausdrucksformen, also verbal oder nonverbal mit Gestik oder Mimik. Wie die Reaktion ausfällt, hängt auch mit den Fähigkeiten des empfangenden Lebewesens zusammen: Während Ihr Hund aufgeregt mit dem Schwanz wedelt, wenn Sie ihn begrüßen und streicheln, kann dies Ihre Lieblingspflanze niemals tun, selbst wenn sie es wollte. Ein Regenwurm wird auf einen Lichtreiz hin nur mit einer Bewegung zum Dunkeln hin reagieren, niemals mit dem Start der Fotosynthese. Pflanzen reagieren – so sind die meisten Sinneszellen ausgelegt – nicht sofort, sondern erst, wenn eine bestimmte Schwelle überschritten ist.

Einfluss elektromagnetischer Strahlung

Das Mobilfunknetz wird immer größer und die eingesetzte Technik bis hin zur mittlerweile 5. Generation des Mobilfunks (5G) wird immer schneller, die Frequenzen immer höher. Lebewesen reagieren auf Schallwellen, die sie hören oder mit denen sie sich wie die Fledermäuse und Delfine orientieren – darum beschäftigen sich Forscher in aller Welt nicht nur mit den Wirkungen dieser Schallwellen im Bereich von 600 Megahertz bis sechs Gigahertz auf den Menschen, sondern auch auf Tiere und Pflanzen. Internationale Workshops finden zu diesem Thema statt, auch veranstaltet vom Bundesamt für Strahlenschutz. So weist etwa eine über zwölf Jahre ausgeführte Studie („Radiofrequency radiation injures trees around mobile phone base stations", 2016) der Ärztin Cornelia Waldmann-Selsam und des Dipl. Forstwirts Helmut Breunig an Bäumen daraufhin, dass Bäume rund um Mobilfunkmasten durch die von ihnen ausgehende Strahlung massive Schädigungen zeigen – und zwar auf der Seite, die dem Strahlen aussendenden Mast zuwendet ist. Diese Schäden sichtbarer Dürre fanden Waldmann-Selsam und Breunig bei allen Teilen des Baums, die ungeschützt der Strahlung ausgesetzt sind, während von Häusern oder von anderen Bäumen abgeschirmte Exemplare keine Schädigungen aufwiesen. Selbst, wenn die entsprechenden Bäume durch die Nähe eines Gewässers eigentlich ausreichend mit Wasser versorgt waren, traten dieselben Schäden auf wie an weniger feuchten Standorten. Sogar in den Jahresringen macht sich die Strahlung bemerkbar: Auf der Seite der Strahlungsquelle waren die Jahresringe komprimiert.

In anderen Studien gibt es Hinweise darauf, dass Pflanzen auf Mobilfunk reagieren – die Reaktionen reichen von Genexpressionen bis zu morphologischen Veränderungen. Mobilfunk wirkt wohl sogar auf die bestäubenden Insekten. Da die Forschung in diesem Bereich erst am Anfang steht, werden in Zukunft sicherlich noch reichlich aussagekräftige Studien veröffentlicht werden.

Geflüster von Pflanze zu Pflanze

Pflanzen sind nicht stumm. Seit jeher tauschen sich Pflanzen untereinander aus, über ihre miteinander vernetzten Wurzeln in der Erde sowie über chemische Duftstoffe in der Luft. Im regen Austausch teilen sich die Pflanzen gegenseitig mit, was rundherum um sie los ist. Sie können ja nicht wie Tiere weglaufen, sondern müssen auf bestmögliche Weise mit all dem zurechtkommen, was an ihrem Standort so geschieht – und das geht auch in der Pflanzenwelt im Miteinander besser als im Gegeneinander. So warnen sich Pflanzen gegenseitig vor Fressfeinden und Insektenattacken, stimmen zeitlich den Blühtermin miteinander ab oder versorgen sich mit Kohlenhydraten aus der eigenen Fotosyntheseproduktion. In diesem Kapitel geht es um das zwischenpflanzliche Miteinander.

Dialoge unter der Erde

Pflanzen sind über ihre Wurzeln und den damit verbundenen feinen Fäden des Pilzgeflechts in einem riesigen Netzwerk miteinander verbunden.

Dieses Netzwerk ist unvorstellbar groß: Eine einzige Roggenpflanze kann täglich bis zu vier Kilometer Wurzeln bilden, im Lauf ihres nur mehrere Monate andauernden Lebens bildet sie etwa 500 Kilometer Wurzelfasern – das ist mehr als die Strecke von Frankfurt nach Berlin. Und damit endet das Wurzelwerk dieser einen Roggenpflanze noch nicht, denn an deren Wurzelfasern sitzen auch noch Milliarden Wurzelhärchen. Stellen Sie sich nun einmal vor, wie viele Wurzelfasern all der Pflanzen – Bäume und Sträucher, Blumen, Gräser und Kräuter – allein in Ihrem Garten den Erdboden durchdringen. Dazu kommt noch das wesentlich feinere und noch längere Wurzelgeflecht (Myzel) der Pilze. Das Ganze ergibt ein gewaltiges Netzwerk, bei dem Vergleiche mit einem Gehirn oder dem Internet naheliegen.

Über dieses Netzwerk der Wurzeln wurde und wird viel geschrieben. Schon Charles Darwin sagte 1882 aus, dass die Spitze der Wurzel wie das Gehirn eines der niederen Tiere agiert.

Pilzforscher wie der amerikanische Mykologe Paul Stamet sehen in dem Wurzelgeflecht der Pilze ein natürliches Internet, andere nennen dieses Pilzgeflecht, das Bäume vernetzt, Wood Wide Web. Betrachtet man das feine, sehr filigrane und stark verzweigte Myzel der Pilze, so erinnert dieses tatsächlich an Nervenstränge oder Datenleitungen, die sich um die Pflanzenwurzeln winden und sogar in diese hineinreichen. Schnell stellt sich dann in unserer Vorstellung das Bild ein, dass der ganze Waldboden wie ein Gehirn oder das Innere eines Computers mit unzähligen Kabeln durchzogen ist. Über dieses weitverzweigte Netzwerk mit synaptischen Verbindungen sind alle Pflanzen miteinander verbunden. Ständig wabern Informationen in Form von chemischen Substanzen und elektrischen Wellen mit einer Geschwindigkeit von etwa einem Zentimeter pro Sekunde (schneller muss es nicht sein, die sesshaften Pflanzen sind eher langsame Wesen, wozu auch Eile? Sie können eh nicht davonlaufen ...) – die Worte der erdigen Pflanzensprache – durch dieses miteinander verwobene und vielfach verzweigte, dichte, aktive Netz, die sich langsam in alle Richtungen ausbreiten und die alle mit diesem Netz verbundenen Pflanzen erreichen. Dadurch sind alle beteiligten Pflanzen ständig auf dem aktuellen Stand der sich ausbreitenden Informationen und jede Neuigkeit, sei es das Fällen eines Baumbruders oder das Ausheben eines Grabens im Boden, das Aufblühen der Buschwindröschen oder der Sturz eines Fahrradfahrers, wird über dieses Netzwerk an alle verteilt – ähnlich dem Internet mit seinem unüberschaubar gewaltigen Strom an hilfreichen und unnützen, wahren und falschen, wichtigen und gefährlichen Informationen.

Da die Pflanzen selbst die Tür für das Pilzmyzel öffnen müssen (siehe S. 141 ff.), liegt es sozusagen an jeder einzelnen Pflanze, ob sie Teil dieses unterirdischen Netzwerks sein will – sie muss nicht. Auch ohne Pilzgeflecht können die Pflanzen im Boden miteinander kommunizieren – dazu müssen sich ihre Wurzeln berühren. Aber mit dem feinen Pilzmyzel geht es einfacher und über größere Strecken: So kann ein einziger Pilz mit seinem Geflecht mit über 15 verschiedenen Pflanzen verbunden sein, ein einziger Baum seinerseits hat 20 und mehr Pilzpartner im Untergrund. Zudem kann sich das Myzel eines einzigen Pilzes über enorm große Flächen ausbreiten und die Pflanzen innerhalb dieses Erdreichs miteinander verbinden: So erstreckt sich beispielsweise das Myzel eines einzigen Hallimaschklons in der Schweiz auf einer Fläche von etwa 35 Hektar und in den USA sogar auf einer von rund 900 Hektar! Dieser Hallimasch gilt nicht nur als das größte Lebewesen der Erde, sondern mit einem geschätzten Alter von 2.400 Jahren auch als eines der ältesten. Die Beziehung einer Pflanze mit einem Pilz ist keine kurze Affäre, sondern auf Dauer angelegt.

Nicht nur Bäume vernetzen sich mit Pilzen, auch viele Blumen, Gräser, Kräuter und andere Pflanzen tun es – Wissenschaftler gehen davon aus, dass 80 Prozent aller Landpflanzen über Mykorrhiza miteinander verbunden sind. Daher findet man dieses Netzwerk nicht nur im Wald, sondern auch in vielen anderen Lebensräumen: Wood Wide Web ist als Begriff zu eng gefasst, ich würde es eher als Wurzel Wide Web (www) bezeichnen.

Das pflanzliche Wurzel Wide Web

Über die enge Verflechtung von dem Wurzelgeflecht der Pilze und der Pflanzen in der symbiotischen Lebensgemeinschaft Mykorrhiza werden Nährstoffe ausgetauscht – Mineralstoffe, Nähr- und Spurenelemente sowie Wasser aus dem Boden von den Pilzen zu den Pflanzen, Fotosyntheseprodukte wie Zuckerverbindungen zu den Pilzen.

Doch dieses Netzwerk ist noch viel komplexer als eine bloße Verbindung von Pilzen mit jeweils Einzelbäumen oder Pflanzen. Schon Untersuchungen kanadischer Wissenschaftler am Ende des 20. Jahrhunderts wie etwa die von Suzanne Simard zeigten, dass über das Mykorrhizapilz-Geflecht zahlreiche Pflanzen unterschiedlicher Arten unterirdisch miteinander verknüpft sind und ein dichtes Netzwerk bilden. In diesem Netzwerk werden Nährstoffe wie in Wasserleitungen in alle Richtungen transportiert, auch – und das erstaunt dann doch – jede Menge Kohlenhydrate, wie aktuelle Forschungsergebnisse aus einem über fünf Jahre laufenden Versuch mit 17 verschiedenen europäischen Baumarten in einem Waldstück bei Basel zeigen. Und diese Kohlenhydrate fließen, so zeigen es Studien, nicht nur zu den Pilzpartnern, sondern auch zu anderen Bäumen. So versorgen sich die Waldbäume gegenseitig im großen Stil mit Fotosyntheseprodukten – und zwar nicht nur innerhalb einer einzigen Baumart, sondern auch zwischen verschiedenen Arten wie Fichten, Rot-Buchen, Lärchen und anderen Bäumen.

Bekannterweise lagern die Bäume die selbst in den Blättern produzierten Zuckerverbindungen als Vorrat in den Wurzeln ein – nun fanden die Forscher mittels C14-Markierung heraus, dass bis zu 40 Prozent der eingelagerten Kohlenhydrate eines Baums nicht selbst hergestellt, sondern aus dem unterirdischen Netzwerk abgezapft wurde. Sie stammen aus der Produktion anderer Bäume. So unterstützen Bäume, die dank großer blattreicher Kronen und optimaler Lichtverhältnisse aufgrund einer höheren Fotosyntheseleistung mehr Zuckerverbindungen herstellen können, andere Bäume, die aus vielerlei Gründen – schattigerer Standort oder wegen Beschattung höherer Bäume, teils zerstörtes Astwerk nach Stürmen etc. – zu wenig Kohlenhydrate selbst herstellen können. Suzanne Simard nennt diese kohlenhydratspendenden Bäume „hub trees", auf Deutsch Zentrumsbäume (was in manchen Werken als Mutterbäume übersetzt wird). Auch junge Bäume werden, sobald sich ihre zarten Wurzeln für die Mykorrhizapilze geöffnet haben, Teil dieses Netzwerks und profitieren von den darin fließenden Stoffströmen. Junge Bäume haben im Wald das Problem, dass sie am schattigen Waldboden stehen und zudem nur über wenig Blattfläche verfügen – folglich ist ihre Eigenproduktion an Kohlenhydraten nur mager. Werden sie nur durch das unterirdische Netzwerk mit Nahrung versorgt, können sie viel rascher wachsen und mehr Blätter bilden als ohne diese fremde Zuckerlieferung. Sie erfahren durch das Zufließen von Kohlenhydraten eine enorme Unterstützung.

Man könnte diesem unterirdischen Austausch von Kohlenhydraten ein Motto geben: Wer als Baum mehr Kohlenhydrate in den Blättern produziert, als er selbst für sich und als Vorrat benötigt, lässt den Überschuss über die Wurzeln ins große unterirdische Netzwerk fließen, aus dem sich jeder frei bedienen kann, der gerade Zuckerverbindungen benötigt. Man könnte nun versucht sein, dies als soziale Leistung der Bäume darzustellen, bei der die Starken die Schwachen unterstützen – ich sehe es eher so, dass die Bäume Teil eines ganz natürlichen Stoffflusses in ihrem Lebensraum sind: Das Wasser durchfließt die blättertragenden Bäume von unten nach oben, die Fotosyntheseprodukte von oben nach unten – und so wie die Wurzeln ständig mithilfe der Mykorrhiza Wasser aus dem Boden aufnehmen, so geben sie eben auch fortlaufend überschüssige Kohlenhydrate ab.

»Bäume kennen weder Neid noch Geiz, weder Missgunst noch Eifersucht.«

Die Forscher dieser Schweizer Studie wollten auch wissen, in welchen Leitungen im Waldboden die Kohlenhydrate fließen, denn das gibt Hinweise darauf, wer von dem unterirdischen Kohlenhydratfluss profitieren kann – sie fanden heraus, dass dies ausschließlich im Wurzelgeflecht der ektotrophen Mykorrhizapilze geschieht. Nur dort fanden sie Zuckerverbindungen. Eine Mykorrhiza mit ektotrophen Ständerpilzen (Ektomykorrhiza, siehe dazu auch S. 142), also den bekannten Lamellen- und Röhrenpilzen wie Steinpilz, Pfifferling und Fliegenpilz, gehen nur Bäume ein. Damit konnten die Wissenschaftler klären, dass sich nur die Bäume untereinander mit Kohlenhydraten versorgen, nicht aber die anderen Pflanzen wie also Blumen, Gräser, Kräuter. Diese haben vor allem endotrophe Mykorrhizapartner (siehe S. 142).

Über das „Wurzel Wide Web" fließt aber mehr als nur Nahrung in Form von Zuckerverbindungen – auch Informationen breiten sich darüber wie über verlegte Glasfaserkabel aus, und zwar sowohl in dem mit Bäumen geknüpften Netzwerk der ektotrophen Mykorrhizapilze als auch über das Netzwerk mit endotrophen Mykorrhizapilzen der Blumen, Gräser und Kräuter. Auch Pflanzenwurzeln, die sich direkt berühren, kommunizieren miteinander – und da die Wurzeln einer jeden Pflanze die Wurzeln von vielen anderen Pflanzen im Boden berühren, besteht solch ein Austauschnetzwerk in einem gewissen Maße selbst dort, wo es eher weniger Mykorrhiza gibt – etwa in ständig bearbeiteten Beeten. Wurzeln und Pilzmyzel bilden ein großes Kommunikationsnetz, das weitaus größer ist als wir es uns vorstellen können. Einzelne Informationen verbreiten sich jeweils im Umkreis von bis zu 20 Meter, weiter als etwa Duftstoffe durch die Luft getragen werden. Die Netzwerke der Pflanzen sind über ganze Lebensräume wie Wälder miteinander verschaltet.

In diesem Wurzelnetzwerk kursieren nun verschiedene chemische Substanzen, die ähnlich wie eine E-Mail in Ihrer Kommunikation am Laptop bestimmte Informationen enthalten. Wird es trockener oder heißer, so warnen abgegebene Stress-Botenstoffe davor, fallen Krankheitserreger oder Schädlinge ein, so erfahren das über bestimmte Botenstoffe auch die anderen Pflanzen. Um die Botschaften zu empfangen, müssen die Pflanzen nicht aktiv werden, sie müssen keine E-Mails herunterladen oder Briefe öffnen – stattdessen lauschen sie einfach den in gemütlichem Tempo eintrudelnden Nachrichten zu und reagieren in ebenso gemütlichem Tempo, wenn eine bestimmte Schwelle überschritten ist.

Unterirdische Alarmanlage

Über das Pilz-Wurzelnetzwerk warnen sich die Pflanzen durch chemische Substanzen und elektrische Wellen gegenseitig vor Schädlingen und Krankheiten. Forscherteams haben herausgefunden, dass diese unterirdischen Warnmeldungen bei den empfangenden Pflanzen die Immunabwehr anwirft: Die Pflanze bildet schon Antikörper und fährt die eigenen Abwehrmaßnahmen hoch, bevor die Erreger sie erreichen und infizieren. So entwickeln Pflanzen, die an das www angeschlossen sind, tatsächlich eine erheblich bessere Widerstandskraft als solche, die es nicht sind. Durch die frühzeitige Warnung durch die anderen Pflanzen können sie sich schon auf das Eindringen der Krankheitserreger vorbereiten und werden nicht plötzlich und unerwartet von ihnen überrascht.

Info: Vernetzter Teufelszwirn

Forscher haben herausgefunden, dass die Leitungsbahnen, mit denen Teufelszwirnarten *(Cuscuta)* in ihre Wirtspflanzen eindringen, ebenfalls ein mykorrhizaähnliches Netzwerk bilden. Über dieses Netzwerk gelangen – wie über das Pilzgeflecht – Informationen von Pflanze zu Pflanze, auch solche, die die Immunabwehr infolge von Stress aktivieren. Weltweit gibt es etwa 200 verschiedene *Cuscuta*-Arten, die allesamt Vollschmarotzer sind – sie besitzen selbst keine Wurzeln oder Blätter und zapfen ihre Wirtspflanzen an, um sich bei ihnen mit Wasser und Zuckerverbindungen zu bedienen. Bei uns ist die Nessel-Seide *(Cuscuta europaea)*, die meist auf Brennnesseln *(Urtica)*, aber auch auf Zaunwinde *(Calystegia)* und Beifuß *(Artemisia)* schmarotzt, sowie die auf Thymian *(Thymus)*, Besenheide *(Calluna vulgaris)* und Ginster *(Genista)* schmarotzende Quendel-Seide *(Cuscuta epithymum)* am häufigsten.

Forscher um Zdenka Babikova von der Universität Aberdeen, UK, zeigten in mehreren Versuchen, dass tatsächlich solche Warnsignale über das Pilzgeflecht von Pflanze zu Pflanze weitergegeben werden und dieses als Frühwarnsystem dient. Ackerbohnenpflanzen *(Vicia faba)*, die von Blattläusen befallen werden, fahren die Produktion von flüchtigen Substanzen wie Methylsalicylat hoch – das mögen einerseits Blattläuse nicht, andererseits werden so über den Luftweg Blattlausfeinde angelockt. Unterirdisch breitet sich von diesen Pflanzen über das Mykorrhizapilzgeflecht im Boden ein Warnsignal aus. Pflanzen, die dieses Warnsignal empfangen, beginnen ihrerseits in ihrem Pflanzenkörper Methylsalicylat und ähnliche Abwehrsubstanzen anzureichern, obwohl sie gar nicht von

Blattläusen befallen sind – dies geschah aber nur bei den Pflanzen, die über Mykorrhiza verbunden waren. Andere Pflanzen ohne Mykorrhizaverbindung blieben ahnungslos und fuhren ihre Abwehrmechanismen nicht hoch. Dadurch können sie viel leichter von Blattläusen befallen werden.

Garten-Tipp: Ein gesunder Boden ist essenziell!

Ich möchte an dieser Stelle nochmals betonen (siehe Tipp auf S. 51), wie wichtig ein gesunder Boden mit einer natürlichen Rhizosphäre, natürlichen Bodenorganismen und Mykorrhizapilzen für Ihre Pflanzen ist. Richten Sie Ihre ganze Aufmerksamkeit auf diesen kostbaren Lebensraum und entfernen Sie alle chemischen Unkrautvernichter, Pflanzenschutzmittel und Dünger aus Ihrem Umkreis. Damit unterstützen Sie Ihre Pflanzen am besten, gerade auch in Zeiten des Klimawandels.

Auch bei Tomaten zeigen Studien den positiven Effekt von unterirdischen Mykorrhizapartnern: Wenn eine Tomatenpflanze von Blattfäule, einer Pilzkrankheit, befallen ist, warnt sie die anderen Tomatenpflanzen über das Pilznetzwerk. Daraufhin erhöhen die empfangenden Tomatenpflanzen ihre Widerstandskraft gegenüber dieser Pilzkrankheit, obwohl sie selbst noch gar nicht infiziert sind.

Diese Studien sind erst der Anfang neuer Forschungsansätze. Sie zeigen, wie komplex das Miteinander von Pflanzen und Pilzen mit- und untereinander ist und wie wenig wir erst darüber wissen. In diesem Bereich wird es in Zukunft sicherlich noch viele spannende und interessante Erkenntnisse geben, wie Pflanzen miteinander und mit anderen Lebewesen kommunizieren und vernetzt sind. Aktuelle Studien etwa gehen der Frage nach, welche Lebensgemeinschaften sich im Bereich Düngung und Pflanzenschutz in der Landwirtschaft gegenseitig unterstützen.

Pflanzen kennen ihre Nachbarn

Pflanzen wissen ganz genau, welche Pflanzen rundherum wachsen. Ihre Wurzelfasern wachsen Millimeter für Millimeter tastend durchs Erdreich.

Dabei nehmen sie mit ihren Sinnen nicht nur wahr, wo Nährelemente, Wasser und Hindernisse sind, sondern nehmen auch Kontakt auf mit den Wurzeln anderer Pflanzen und verbinden sich mit Mykorrhizapilzen. Die Wurzelfasern können beim Kontakt klar unterscheiden, ob eine Wurzel von der eigenen Pflanze stammt oder von einer anderen. Sie können sogar erkennen, ob die andere Pflanze von derselben Art oder einer anderen Pflanzenart ist – wie sie das machen wissen wir noch nicht. Hinweise darauf ergeben Studien an Meersenf *(Cakile edentula)*, einer Pflanze, die auf kargen Böden an der Küste vorkommt. Pflanzen, die von nicht verwandten Pflanzen umgeben sind, breiten sich stark mit ihren Wurzeln aus, um ja jedes der raren Nährelemente im Boden für sich zu gewinnen. Pflanzen hingegen, die von arteigenen Pflanzen umgeben sind, zeigen diesen Wurzelwachstum nicht – sie teilen vielmehr die wenigen Nährelemente miteinander.

Und so findet unter der Erde zwischen den Wurzeln auch ein Konkurrenzkampf um den Bodenraum statt. Bei diesem stillen, oberirdisch unbemerkbaren Konkurrenzkampf geben die Wurzeln in unterschiedlichem Umfang und Wirkung bestimmte chemische Signal- und Botenstoffe (Phytoantibiotika) in den Boden ab, die – je nach Pflanzenart – inner- oder zwischenartlich hemmend auf die anderen Wurzeln wirkt. So halten sich die Wurzeln konkurrierende Wurzeln vom Hals und schaffen sich mehr Raum für die eigene Entfaltung.

Besonders deutlich wird dieser unterirdische Konkurrenzkampf bei der Echten Walnuss *(Juglans regia)*, deren Wurzelausscheidungen so scharfe chemische „Waffen“ sind, dass kaum eine Pflanze in deren Wurzelbereich gedeihen kann. Auch die gerbstoffreichen Blätter halten viele andere Pflanzen fern: Fallen sie im Herbst als Laub vom Baum, setzen sie am Boden gelbbraunes, geruchloses Juglon, einen natürlich vorkommenden Farbstoff, frei. Der Regen spült Juglon in den Boden, wo er seine antibakterielle und pilztoxische Wirkung entfalten kann. Dieser Farbstoff, der auch in den grünen Schalen der Walnüsse enthalten ist, hemmt effektiv das Wachstum anderer Pflanzen.

Aktuelle Forschungen haben die Minzen *(Mentha)* im Fokus. Die Pfefferminze *(Mentha* x *piperita)* ist die bekannteste unter den zahlreichen Minzearten und -sorten. Die in den Minzen enthaltenen ätherischen Öle entfalten nicht nur heilende Wirkungen, sondern vertreiben auch andere Pflanzen – etwa ungeliebte „Unkräuter“. Vor allem das in dem Minzöl enthaltene Beta-Pinen und Menthon stoppen das Wachstum frisch gekeimter Samen der Ackerwinden und führen zum Absterben. Wer Minzen im Garten beobachtet, kann diese Wirkung bestätigen: Minzen bilden dichte Bestände, in denen keine andere Pflanze wächst. Doch Minzen haben auch Schattenseiten: Da sie sich unterirdisch mit Ausläufern ausbreiten, neigen sie dazu nach und nach große Flächen zu vereinnahmen. Und dort, wo Minzen mal Fuß gefasst haben, bekommt man sie nicht so schnell wieder los. Darum müssen Sie vorausschauend dem Ausbreitungsdrang der Minzen dort Grenzen setzen durch Kultur im versenkten Topf oder Rhizomsperren, wo Sie diese Kräuter nicht haben wollen. Was können Sie aus diesem Für und Wider mitnehmen für Ihren Garten? Minzen sind pflegeleichte Pflanzen, die üppig wachsen, mit schönem Laub, Bienen anlockenden Blüten und gutem Duft. Die Blätter ergeben einen erfrischenden Tee und würzen Salat, Dips und junges Gemüse. Pflanzen Sie sie mit Bedacht an eher feuchten Stellen mit humosem Boden.

Auch Mäuse und Katzen mögen kein Pfefferminzöl: Darum können Sie Pfefferminzen dort anpflanzen, wo sich gern Mäuse aufhalten oder unerwünschte Katzen Ihren Garten betreten. Auch mit Minzöl getränkte Wattepads können Sie dort auslegen.

Garten-Tipp: Walnuss

Walnussbäume scheiden auch über die Blätter ätherische Duftstoffe aus, die Stechmücken vertreiben. Das gilt zwar nicht hundertprozentig und in allen Fällen – aber es gibt zahlreiche Belege für die mückenvertreibende Wirkung. Walnussbäume werden im Lauf der Zeit riesige Bäume, die früher auf Bauernhöfen gern in die Nähe von Kompost- und Misthaufen gepflanzt wurden. Anstatt eine Walnuss in die Nähe Ihres Sitzplatzes oder vors Schlafzimmerfenster zu pflanzen, scheint auch das Auslegen von Walnusszweigen zu helfen.

Kommunikation zwischen Pflanzen fördern

Den Pflanzen ist es nicht egal, welche Pflanzen in der Nachbarschaft wachsen. Mit manchen kommen sie gut zurecht, mit anderen nicht. Das hängt mit den arttypischen Wurzelausscheidungen zusammen, die die Nachbarpflanzen hemmen oder fördern. Auch tierische Organismen nehmen diese Wirkstoffe wahr. Hier setzt die Mischkultur an: Wenn Sie nun die richtigen Pflanzenpartner zusammen in ein Beet pflanzen, fördern sie sich gegenseitig im Wachstum. Als Nebeneffekt halten sich diese Pflanzenfreunde gegenseitig bestimmte Insekten fern oder locken sie an. Bohnenkraut ist beispielsweise ein guter Partner zu Bohnen, das nebenbei durch seine ätherischen Öle Läuse vertreibt. Zwiebeln und Möhren mögen sich nicht nur, sondern halten sich gegenseitig Zwiebelfliege und Möhrenfliege fern. Gurken und Zucchini müssen von blütenbestäubenden Insekten angeflogen werden – wenn Sie nun Borretsch dazusäen, werden Bienen und Hummeln von den attraktiven Borretschblüten angelockt und finden ganz leicht den Weg zu den Blüten von Gurke und Zucchini. Befreundete Pflanzen können Sie viel dichter zusammensetzen, da sie sich gegenseitig nicht vertreiben und ihre positive Wirkung so besser entfalten – das ist wiederum günstig für den Boden im Gemüse- und Kräuterbeet, der ja unbedingt bedeckt sein muss: Der Boden will den Himmel nicht sehen!

Mischkultur: Pflanzenfreunde – Pflanzengegner

Pflanze	verträgt sich **gut** mit	verträgt sich **nicht** mit
Aubergine	Weiße Bohne	Paprika
Basilikum	Fenchel, Gurke, Kohl, Tomaten	
Bohnen (Busch-, Stangen-)	Bohnenkraut, Dill, Gurke, Kartoffeln, Kohl, Salat, Sellerie	Erbsen, Fenchel, Lauch, Zwiebeln
Bohnenkraut	Bohnen, Rote Bete, Salat	
Borretsch	Gurke, Zucchini, Kohl	
Buchweizen	Sellerie	
Dill	Gurke, Möhren, Rote Bete, Kohl	Estragon
Eberraute	Kohl	
Endivien	Bohnen, Kohl, Lauch, Möhren	
Erbsen	Kohlrabi, Möhren, Rettich, Salat	Bohnen, Kartoffeln, Kohl, Lauch, Tomaten
Feldsalat	Kohl, Kohlrabi, Lauch, Radieschen, Spinat, Zwiebeln	
Fenchel, Knollenfenchel	Erbsen, Feldsalat, Gurke, Kohl, Kohlrabi, Kopfsalat, Salbei, Spinat, Zuckerhut	Bohnen, Dill, Koriander, Tomaten
Gartenkresse	Möhren, Rettich, Obstbäume	
Grünkohl	Bohnen, Erbsen, Gurke, Kohlrabi, Rettich, Sellerie	Kartoffeln, Lauch, Zwiebeln
Gurke	Bohnen, Kohl, Rote Bete, Petersilie, Salat, Sellerie, Zwiebeln	Erdbeere, Rettich, Tomaten
Kartoffeln	Bohnen, Kohlrabi, Spinat	Erbsen, Kohl, Rote Bete, Sellerie, Tomaten
Kerbel	Salat	
Kohl (Rotkohl, Weißkohl, Wirsing)	Bohnen, Erbsen, Gurke, Kohlrabi, Rettich, Sellerie	Kartoffeln, Lauch, Zwiebeln, Tomaten
Kohlrabi	Bohnen, Erbsen, Gurke, Kartoffeln, Radieschen, Rettich, Salat	Lauch

Pflanze	verträgt sich **gut** mit	verträgt sich **nicht** mit
Kopfsalat	Bohnen, Erbsen, Gurke, Möhre, Radieschen, Rettich, Tomaten, Zwiebeln	Petersilie
Lauch	Erdbeeren, Sellerie, Tomaten	Bohnen, Erbsen. Kohlrabi, Möhren, Rote Bete, Salat
Majoran	Möhren	Thymian
Mangold	Kohl, Möhren, Radieschen, Rettich, Rüben	
Möhren, Karotten	Erbsen, Erdbeeren, Rettich, Salat, Tomaten, Zwiebeln	Rote Bete
Petersilie	Erdbeeren, Gurke, Rettich, Tomaten, Zwiebeln	Salat
Pfefferminze	Kohl	Kamille
Radieschen	Bohnen, Erbsen, Erdbeeren, Möhren, Petersilie, Salat, Tomaten, Zwiebeln	Gurke
Rettich	Bohnen, Erbsen, Erdbeeren, Kohl, Lauch, Möhren, Petersilie, Rote Bete, Salat, Spinat, Tomaten, Zwiebeln	Gurke, Zwiebeln
Ringelblume	Kartoffeln, Kohl	
Rosenkohl	Bohnen, Erbsen, Gurke, Kohlrabi, Rettich, Sellerie	Kartoffeln, Lauch, Zwiebeln
Rosmarin	Möhren, Kohl	
Rote Bete	Bohnen, Erdbeeren, Gurke, Kohlrabi, Rettich, Salat	Kartoffeln, Lauch, Möhren, Spinat
Salat	Bohnen, Erbsen, Gurke, Möhren, Zwiebeln	Fenchel, Sellerie
Salbei	Kohl	
Sellerie (Knollen-, Stangen-)	Bohnen, Gurke, Kohl, Lauch, Möhren, Tomaten	Kartoffeln
Spinat	Bohnen, Kohl, Möhren, Rettich, Tomaten	Rote Bete
Tagetes	Erdbeeren, Kartoffeln, Kohl, Tomaten	
Tomaten	Bohnen, Kohl, Möhren, Rettich, Salat, Sellerie, Spinat, Zwiebeln	Erbsen, Gurke, Kartoffeln, Rotkohl
Wermut	Lauch	
Zuckermais	Bohnen, Gurke, Salat, Tomate, Zucchini	Möhren, Sellerie
Zwiebeln, Schalotten	Möhren, Petersilie, Rettich, Rote Bete, Tomaten	Bohnen, Erbsen, Kohl

Pflanzenkommunikation über die Luft

Düfte in Form von chemischen Substanzen, die die Pflanzen vor allem über ihre Blätter, Blüten und Früchte freisetzen, sind die Worte der luftigen Pflanzensprache.

Während es in der unterirdischen Kommunikation ein Netzwerk aus Wurzeln und Pilzmyzel gibt, über das die Informationen als chemische Botenstoffe und elektrische Signale alle damit verbundenen Pflanzen erreicht, ist die oberirdische Kommunikation weniger zielgerichtet. Ähnlich wie bei Pflanzen, die wie Nadelgehölze, Brennnesseln und Gräser ihre Pollen zur Bestäubung der Luft anvertrauen, muss die Menge an chemischen Botenstoffen deutlich höher sein, damit sie auch tatsächlich den Empfänger erreichen. Zum Glück – vielleicht würden sonst viel weniger Pflanzen so gut duften für unsere doch eher weniger geruchssensiblen Nasen. Die unterirdische Kommunikation ist viel sparsamer, weil Sender und Empfänger über „Kabel" miteinander verbunden sind. Und es werden nur geringste Mengen an Botenstoffen oder schwache elektrische Signale benötigt, ähnlich den Pflanzen, die für den Transport der Pollen Insekten und andere Blütenbestäuber anlocken und einsetzen.

Tatsächlich stammt der erste Hinweis darauf, dass es überhaupt so etwas wie pflanzliche Kommunikation gibt, aus einer Studie von 1983 über Weiden. Damals fanden David F. Rhoades und Gordon Orians von der Universität Washington auf manchen Weidensträuchern deutlich weniger Mottenraupen, in deren Nähe andere Weiden von diesen Raupen abgefressen wurden. Sie beobachteten weiterhin, dass sich nicht nur die Blätter von mit Raupen befallenen Weiden und Erlen veränderten, sondern ebenfalls die Blätter benachbarter, nicht von Raupen befallener Bäume. Sie untersuchten die Blätter von befallenen und nicht befallenen Bäumen und fanden in beiden hohe Gehalte an giftigen phenol- und tanninhaltigen Substanzen – diese werden von den Raupen verschmäht. Doch wie verbreitete sich die Botschaft von der Raupenattacke von den befallenen auf die gesunden Bäume? Da es zwischen den Bäumen in diesem Versuch durch getrennte Kultur keinerlei Verbindung über Äste oder Wurzeln gab, konnte diese Duftbotschaft nur über die Luft übertragen werden. Die Wissenschaftler vermuteten damals, dass entweder die befallenen Bäume oder die Raupen Duftstoffe absonderten, die die unversehrten Bäume schützten und die bei den unversehrten Bäumen dieselben Reaktionen hervorriefen wie bei den befallenen. Ein paar Monate später schon sollte sich die Vermutung von Rhoades und Orians bewahrheiten. Forscherkollegen aus Dartmouth, Ian Baldwin und Jack Schultz, untersuchten junge Sämlinge von Pappeln und Zucker-Ahorn in luftdichten Kammern: In der ersten Gruppe waren die Blätter der Hälfte der jungen Bäume eingerissen, die der anderen Hälfte unversehrt; in der zweiten Gruppe waren alle Blätter aller Jungbäume unversehrt. Nach ein paar Tagen untersuchten sie die Blätter – und siehe da, alle Blätter der ersten Gruppe enthielten hohe Konzentrationen von giftigen Phenolen und Tanninen, egal ob die Blätter beschädigt waren oder nicht, während alle Blätter der zweiten Gruppe keine höheren Gehalte dieser Giftstoffe enthielten. Baldwin und Schultz bestätigten damit, dass Pflanzen mit durch Raupenfraß oder mechanischem Zerreißen beschädigten Blättern Warnstoffe über die Luft abgeben, die von anderen Pflanzen nicht nur empfangen werden, sondern diese auch zum Einlagern von Fraßschutzmitteln anregten.

Dass Pflanzen miteinander kommunizieren sollten, stieß in Wissenschaftskreisen auf heftige Kritik und mit dem Hinweis auf „esoterischen Glauben“ auf Ablehnung. Zeitschriften, Magazine und große Zeitungen wie die New York Times widmeten den „sprechenden Bäumen“ aber begeistert ihre Aufmerksamkeit. Auch einige Forscher begannen sich für dieses Thema zu interessieren und sie wollten wissen, was es mit den Duftstoffen und pflanzlicher Kommunikation tatsächlich auf sich hat. Sie forschten weiter und deckten viele bis dato unbekannte Sachverhalte auf, darunter auch solche, die für Sie und Ihren Garten von Nutzen sind.

Die Forschung befindet sich bei diesem Thema erst am Anfang und jede neue Erkenntnis wirft viele neue Fragen auf, die zu beantworten in weiteren Studien versucht wird.

Garten-Tipp: Leben und leben lassen

Mit unserem Wissen hängen wir in vielen Gebieten der Realität der Natur hinterher, auch weil es uns Menschen gar nicht so leicht fällt, etwas für wahr zu nehmen, was es unseren Gedanken und unserem bisherigen Glauben nach nicht geben darf. Doch in der Natur, im Zusammenleben von Mikroorganismen, Pilzen, Pflanzen und Tieren über viele Millionen Jahre hat sich schon so vieles geregelt nach dem Prinzip „Leben und leben lassen". Vielleicht überzeugt es Sie und zieht in Ihren Garten ein. Dazu braucht es nur, dass Sie die Kontrolle über alle Lebewesen in Ihrem Garten abgeben, Stück für Stück, und Sie der Natur vertrauen, so wie diese es seit Millionen Jahren und lange vor der Ankunft des Menschen „geschafft" hat. Um Pflanzen vor Schädlingsattacken oder Krankheiten zu schützen, braucht es keine Pflanzenschutzmittel – das schaffen die Pflanzen von selbst, wenn man ihnen, diesen langsamen Wesen, genügend Zeit gibt für ihr Tun im eigenen Tempo.

Pflanzen setzen in vielerlei Lebenslagen chemische Substanzen frei. Diese Substanzen, die auch VOCs genannt werden (vom englischen „volatile organic compounds", auf Deutsch: flüchtige organische Verbindungen) sind bei den üblichen Temperaturen leicht flüchtig und gelangen in die Luft. Hunderte verschiedene Substanzen sind bekannt, etwa Methylsalicylate, Metyljasmonsäure, Limonen, Linalöl, Terpene, β-Caryophyllene und viele mehr, mit denen die verschiedenen Pflanzen jede auf ihre Weise arttypisch kommunizieren – und ständig kommen neue hinzu. Eine Vielzahl dieser aromatischen Substanzen können wir riechen, den Duft von Rosen, Veilchen, Jasmin, Geißblatt und anderen Blüten, den Duft von Zitronen, reifen Äpfeln und Aprikosen, auch unangenehme Gerüche wie Aronstab, Stinkstrohblume oder ältere Rucola-Pflanzen, während andere Vokabeln der pflanzlichen Duftsprache wie etwa das Reifegas Ethylen von unseren Nasen gar nicht wahrgenommen wird. Da sind die „Nasen“ der Pflanzen doch wesentlich sensibler …

Worüber Pflanzen miteinander kommunizieren

Bäume und Sträucher, Blumen, Gräser und Kräuter können „reden“ – zwar nicht mit akustischen Worten und auch nicht über Eichhörnchendreck, wie die Hobbits in Tolkiens „Herr der Ringe“ mutmaßen, dafür aber über die wirklich lebenswichtigen Themen. Diese sind aus der Sicht der Bäume genau dieselben wie für uns Menschen: Sex (mit dem anderen Geschlecht) und die Attacke von Feinden. So ist durch Forschungen hinreichend belegt, dass Pflanzen ganz bestimmte Substanzen (VOCs) freisetzen, wenn die Pflanze unter Stress steht – etwa weil Läuse an ihr saugen, Raupen an ihr knabbern oder wenn sie krank ist. Pflanzen stimmen auch gegenseitig Blüte- und Reifezeit ab. All diese Situationen gehören seit Millionen Jahren zum Alltag der Pflanzen. Daher verwundert es nicht, dass sie – die fest im Boden verwurzelt sind und sich nicht in Sicherheit bringen können – Anpassungen gefunden haben, um auch mit Stress fertigzuwerden oder bestimmte Lebenszyklen aufeinander abzustimmen.

Und da Pflanzen bekanntlich keine Ohren haben, wählen sie für ihre Nachrichten an die Mitbewohner eben das Mittel, für das sie besonders empfänglich sind – und das sind Düfte, die über die Luft von Baum zu Baum, von Pflanze zu Pflanze wehen: Über chemische Kommunikation weiß jede Pflanze ganz genau, was in ihrer Umgebung los ist. Doch der Reihe nach.

1. Pflanzen warnen vor Schädlingen

Saugen oder knabbern Blattläuse, Käfer oder gar größere Tiere an Blättern, Trieben oder Zweigen herum, ist Alarmstufe Rot angesagt. Pflanzen nehmen das Gefressenwerden nämlich nicht einfach so regungslos hin, wie wir das gerne denken. Wird eine Pflanze von einem solchen unwillkommenen Kostgänger heimgesucht, ergeht sofort ein chemischer Hilfeschrei an die Umgebung – und zwar in Form von einem heftigen Schwall an Warnstoffen, der durch die Luft in alle Richtungen katapultiert wird. Dieser Alarm duftet nach Menthol, Harz, Limonen oder anderen Terpenen, der nicht nur über die Wurzeln (siehe S. 89), sondern auch über Blätter, Blüten, Früchte und andere Pflanzenteile verströmt wird. Diese Duftstoffe locken nicht nur Fressfeinde herbei (siehe S. 151), sondern machen die restlichen Pflanzenteile und die Nachbarpflanzen wehrhafter. Das fanden Forscher in Versuchen heraus.

Dann gehen Erlen, Ahorne und andere benachbarte Bäume in Abwehrbereitschaft und rüsten auf: Sie pumpen scheußlich schmeckende Gerbsäfte durch Rinde, Zweige und Blätter oder lassen ihre Blätter verhärten, wie zahlreiche Forschungsreihen bewiesen haben. Afrikanische Akazien ziehen sogar mit noch stärkeren Tanningiften ins Feld, die selbst ausgewachsene Giraffen danieder strecken können. Bittere Pflanzenkost oder harte Oberflächen haben dann auch meist den gewünschten Effekt (sofern nicht noch andere Stressfaktoren hinzukommen): Angreifende Sauger, Knabberer oder Zermalmer wenden sich nach einem kleinen Bissen angeekelt ab und ziehen von dannen.

Martin Heil vom Center for Research and Advanced Studies in Mexiko forschte zusammen mit seinen Kollegen lang an Limabohnen *(Phaseolus lunatus)*, um herauszufinden, wie Nichtgehölze auf Schädlingsattacken reagieren. Diese Bohnenpflanzen werden gern von bestimmten Käfern gefressen. Heil fand heraus, dass die angefressenen Pflanzen zum einen über die Blätter eine Mischung chemischer Substanzen wie Methyljasmonat in die Luft abgaben, zum anderen die Blüten vermehrt Nektar produzieren. Die chemischen Substanzen bewirkten, dass sich die noch intakten Blätter der Limabohnen auf den Angriff der Käfer vorbereiteten – der vermehrte Nektar zog Käferfeinde an. Dabei reden die Pflanzen zunächst mit sich selbst, denn die Warnstoffe sind eigentlich nur für die eigenen, bisher nicht betroffenen Blätter einer Pflanze gedacht – sie schützen sich vor Angriffen, damit genügend Blattmasse übrigbleiben und die Pflanze überleben kann. Doch der Nebeneffekt von Luftwegen ist eben, dass auch die Nachbarpflanzen die chemischen Substanzen mitbekommen, sozusagen die Selbstgespräche der Pflanze „mithören", und ihrerseits die Abwehrkräfte mobilisieren.

Auch unsere Kohlpflanzen, also Weiß- und Rotkohl, Brokkoli, Senf und mehr, wehren Raupen ab. Werden Pflanzenzellen von Raupen gefressen, so stellen die Blätter giftige Senföl-Bomben her und lagern sie als Fraßschutz ein.

Garten-Tipp: Abwehrkräfte stärken

β-Ocimen ist eines der Terpene, das nachweislich die Abwehrkräfte in Pflanzen stärkt. Es erreicht die Pflanzen auf dem Luftweg. Die ätherischen Öle von Basilikum *(Ocimum basilicum)* und Studentenblumen *(Tagetes minuta)* enthalten ebenfalls dieses Terpen, in letzteren sogar mit einem Anteil von bis zu 41 Prozent. Wenn Sie Ihre Pflanzen mit diesen Ölen beduften, können Sie sie auf natürlichem Wege wehrhafter machen. Dazu können Sie zum Beispiel Basilikum oder Studentenblume an den gewünschten Stellen auspflanzen oder die ätherischen Basilikum- und Tagetesöle auf Duftsteine auftropfen, die Sie zu den Pflanzen legen. Pflanzen brauchen viel länger, um auf Duftsignale zu reagieren als Tiere. Sie reagieren auch umso stärker, je mehr und öfter sie mit VOCs beduftet werden. Darum sollten Sie Ihre Pflanzen über einen längeren Zeitraum dieser Duftdusche aussetzen. Methyljasmonat gehört im Pflanzenreich zu den weitverbreiteten Verteidigungssubstanzen, die sie bei Schädlingsattacken einsetzen. Sie verbreiten sich über den Luftweg und machen vor allem die pflanzeneigenen Blätter abwehrbereit gegen jegliche Pflanzenfresser, wirken aber auch gegen pathogene Pilze und Bakterien, die an den verletzten Stellen leicht in die Pflanzen eindringen können. Methyljasmonat ist beispielsweise in Jasminöl enthalten – testen Sie, ob das Beduften damit Ihre Pflanzen widerstandsfähiger macht … Übrigens: Nacktschnecken möge keine Terpene – noch nicht mal deren Geruch. Sie ahnen nun, warum sie sich von Studentenblumen und Basilikum fernhalten.

Viele Pflanzen, die von Schädlingen befallen sind, verströmen vor allem das Terpen β-Ocimen aus. Dieses Terpen dringt vor allem über die Blätter in die Empfängerpflanze ein und aktiviert dort verschiedene Gene der Immunabwehr. Das führt innerhalb der Pflanze zu einer erhöhten Produktion des Pflanzenhormons Jasmonsäure. Dieses Hormon reguliert nicht nur das Wachstum und die Alterungsprozesse von Blättern und Wurzeln, sondern spielt in sehr vielen Pflanzen eine entscheidende Rolle bei der Bewältigung von jeglichen Stresssituationen, die von Trockenheit, Hitze und anderen abiotischen Faktoren bis hin zu Krankheiten und Schädlingsattacken reichen.

Um den Versuch durchzuführen, verwendeten die Forscher gentechnisch veränderte Tabakpflanzen, die eine große Menge von β-Ocimen an die Luft abgaben, sowie normale gesunde Tabakpflanzen. In deren Nachbarschaft pflanzten sie Limabohnen *(Phaseolus lunatus)* und Mais *(Zea mays)*, ein Ventilator verteilte die abgegebenen Duftstoffe in den Kunststofftunneln, in denen die Pflanzen wuchsen. In einigen Kunststofftunneln wurden Spinnmilben *(Tetranychus urticae)*, in anderen Mais befallende Eulenfalter *(Mythimna separata)* freigesetzt. Das Ergebnis lässt sich sehen: Die Bohnen- und Maispflanzen, die über die Luft mit dem Terpen β-Ocimen beduftet wurden, waren viel widerstandsfähiger als diejenigen, die ohne diesen Duftstoff in der Luft wuchsen. Auf ihnen legten die beiden Schädlinge signifikant weniger Eier ab und breiteten sich viel weniger aus. Interessanterweise fanden die Forscher auch heraus, dass die in der Nachbarschaft der gentechnisch veränderten Tabakpflanzen wachsenden Limabohnen- und die Maispflanzen kein β-Ocimen verströmten – hingegen gaben die Bohnen- und Maispflanzen in den anderen Kunststofftunneln, in denen gesunde Tabakpflanzen standen, jede Menge β-Ocimen-Terpene an die Luft ab. Die Pflanzen nehmen also sehr deutlich die Konzentration dieses Terpens in der Luft wahr: Ist genügend von diesem Duftstoff in der Luft, so sparen sie sich die Eigenproduktion dieses Alarmdufts, befindet sich hingegen in der Luft keine oder nur eine geringe Konzentration, so geben sie eine hohe Dosis ab. Ist das nicht genial unter den Pflanzen geregelt, völlig nachhaltig und ressourcensparend.

Neben β-Ocimen produzieren die Pflanzen noch Methylsalicylat, mit dem sie Fressfeinde der Schädlinge anlocken (siehe S. 151).

2. Pflanzen erkennen, ob andere Pflanzen krank sind

Pflanzen „riechen" auch, wenn eine Pflanze in der Nachbarschaft krank ist. Kranke Pflanzen bilden nämlich andere Duftstoffe als gesunde oder solche, die von Schädlingen befallen sind. Zwei Duftstoffe kranker Pflanzen sind bekannt: Der eine ist Nonanal, das in vielen ätherischen Ölen enthalten ist, der andere Salicylsäuremethylester (wird auch Methylsalicylat genannt). Beide werden nicht nur von kranken Pflanzen freigesetzt, sondern bewirken in der empfangenden Pflanze eine Immunreaktion, die die Pflanze widerstandsfähig gegen Bakterien und andere Krankheitserreger macht.

Forscher wollten in Versuchen herausfinden, wie lange Pflanzen diese Duftbotschaften empfangen müssen, bevor sie reagieren. Dazu wurden Limabohnen-Pflanzen *(Phaseolus lunatus)* in geschlossenen Kammern mit diesen beiden Duftstoffen in unterschiedlichen Konzentrationen und unterschiedlicher Dauer ausgesetzt. Die Ergebnisse bestätigen, dass Pflanzen keine schnell reagierenden Lebewesen sind, denn erst nach 24 Stunden Beduftung mit Methylsalicylat startete in den Pflanzen die Immunabwehr. Bei Nonanal hingegen genügten sechs Stunden Beduftung. Es kommt also auch auf die jeweilige Substanz an.

Pflanzen besitzen ein Immunsystem, ähnlich dem unsrigen. Wissenschaftler nennen es SAR, das steht für „systemic acquired resistance" auf Deutsch: systemisch erworbener Widerstand. Wird eine Pflanze nämlich von einem Krankheitserreger infiziert, so bildet die Pflanze an dieser infizierten Stelle langsam Salicylsäure oder Methylsalicylat. Diese leiten die Immunabwehr ein, die aber erst nach ein paar Tagen aktiv ist und die Pflanze schützt. Pflanzen sind nun mal langsame Wesen! Wird dieselbe Pflanze später wieder mit demselben Krankheitserreger befallen, so erinnert sie sich an die erste Reaktion und kann viel schneller den erneuten Angriff abwehren. Pflanzen können viele verschiedene Krankheitserreger erkennen. So bauen sie im Lauf ihres Lebens ihr Immunsystem auf.

Garten-Tipp: Wintergrünöl

Methylsalicylat ähnelt der Salicylsäure, die in Weidenrinden enthalten ist und schon in der Antike als schmerzlinderndes und fiebersenkendes Mittel verwendet wurde. Doch nicht nur Weidenrinden enthalten Salicylsäure, sondern viele Pflanzen produzieren sie und ähnliche Derivate wie Methylsalicylat, wenn sie von Bakterien oder anderen Krankheitserregern angegriffen werden. Diese Substanz fährt die Immunabwehr in den Pflanzenorganen hoch und rüstet die Pflanze für den Notfall. Methylsalicylat wird auch als Wintergrünöl bezeichnet, weil es aus den Blättern von Wintergrün *(Pyrola)* gewonnen wird. Dieses ätherische Öl gibt in den USA Kaugummis die Geschmacksnote Wintergreen. Außerdem ist es in durchblutungsfördernden Salben, Badezusätzen und Mundpflegemitteln enthalten und gibt Parfüm und Lebensmitteln den typischen Geschmack.

3. Pflanzen synchronisieren Blüte- und Reifezeit

Auch für Bäume ist es wichtig, den richtigen Blühzeitpunkt zu erwischen. Entlässt ein Baum seinen Pollen zu früh, haben möglicherweise noch alle weiblichen Blüten geschlossen, und der Blütenstaub dient höchstens als Futter für Biene, Hummel & Co. Öffnet er seine weiblichen Blüten hingegen zu spät, ist der Pollensegen vielleicht schon vorbei, und der Baum bliebe im betreffenden Jahr ohne Nachkommenschaft. Zur Unzeit loslegen, ist also auch hier nachteilig. Abgestimmte Synchronisation ist die Lösung. Darum verströmen bestäubungsbereite Bäume ein deutliches Signal in Form von Duftstoffen, das über die Luft zu den Artgenossen gelangt. Diese Duftstoffe sind meist leicht flüchtige ätherische Öle, die schon bei frühlingshaften Temperaturen verdampfen – manchmal in so hohen Konzentrationen, dass nicht nur die bestäubenden Insekten dank der Düfte auf kürzestem Weg zur Blüte finden, sondern auch Menschen mit ihren eher tumben Riechorganen sich gern mit duftenden Pflanzen umgeben. Das Aufblühen selbst wird arttypisch durch bestimmte innere Faktoren wie dem Alter der Pflanze und äußere Faktoren wie Temperatur und Länge der Nacht (Kurztag- und Langtagpflanzen, siehe S. 35 f.) geregelt.

Bei Pflanzen, die von Insekten bestäubt werden, spielt zusätzlich noch eine Rolle, wann überhaupt diese Blütenbestäuber unterwegs sind. Manche Pflanzen brauchen einen Kältereiz, um überhaupt blühen zu können – blühfaule Orchideen beispielsweise bringen Sie zum Blühen, wenn Sie diese zwei Monate lang in einem kühlen Raum bei ca. 15 °C halten.

Bei manchen Pflanzen regen bestimmt Lichtimpulse, bei anderen Pflanzenhormone wie Gibberelline über die Luft die Blütenbildung an. Wenn die für die jeweilige Pflanzenart zutreffenden Faktoren zum Aufblühen eingetroffen sind, wird das in den Blättern produzierte Pflanzenhormon Florigen zur Sprossspitze transportiert, wo es die Bildung der Blüte einleitet.

»Abgestimmte Synchronisation heißt das Zauberwort.«

In einer Allee aus Eichen wurde beobachtet, dass diese nicht zur selben Zeit blühen, sondern zeitlich versetzt. Sollten die Eichenbäume das Aufblühen miteinander kommunizieren, wären sie „klug“: Herrscht nämlich zum Zeitpunkt der Blüte schlechtes Wetter, so kann die Bestäubung behindert oder sogar unmöglich sein. Durch das zeitlich versetzte Nacheinanderaufblühen würde eine Schlechtwetterperiode nur einen Teil der blühenden Eichenbäume treffen, während andere bei besserem Wetter blühen. So könnten die Eichen innerhalb einer Allee sicherstellen, dass wenigstens ein Teil der Bäume bestäubt wird und Früchte zur Vermehrung bildet. Eichen blühen im April und Mai, wenn die Blätter sich zu entfalten beginnen. Die männlichen Blüten hängen als Kätzchen von den Zweigen herab, die weiblichen sind klein und unscheinbar. Der Pollen wird mit dem Wind transportiert. Hinweise auf ein koordiniertes Blühen gibt es auch vom Berg-Ahorn *(Acer pseudoplatanus)*: Die Blütezeit dieser heimischen Laubbäume liegt beim Laubaustrieb im April und Mai, Bienen und andere Insekten dienen als Bestäuber der zwittrigen Blüten. Damit sich diese nicht selbst bestäuben, blühen in den hängenden Blütenrispen stets entweder nur die männlichen oder die weiblichen Blüten. Diese Abstimmung geschieht auf der individuellen Ebene eines jeden Baums. In größeren Beständen stimmen sich die Bäume auch untereinander ab: So blühen bei einem Teil der Ahorne zunächst die männlichen, ein paar Tage später die weiblichen Blüten auf und beim anderen Teil der Ahorne ist es umgekehrt – bei diesen blühen zuerst die weiblichen, dann die männlichen Blüten auf. So regeln die Bäume miteinander, dass sie sich während der Blütezeit optimal gegenseitig bestäuben können.

Garten-Tipp: Gärtnern mit reifen Äpfeln

Ethylen ist ein Reifungshormon, das bei den meisten Pflanzen die Bildung von Blüten hemmt. Nicht jedoch bei Zitrus: Um ihre *Citrus*-Bäumchen zum Blühen anzuregen, legen Sie einfach ein paar reife Äpfel auf das Substrat. Gleichfalls können Sie reife Äpfel unter die Pflanzen legen, die gern von Schädlingen befallen werden – denn das ausströmende Ethylen regt die Pflanze an, giftige Substanzen als Fraßschutz bereitzustellen und in den Blättern einzulagern. So bereiten sich die Pflanzen auf einen möglichen Befall vor, vor dem sie dann besser geschützt sind.

Reifen ist ansteckend

Reifende Früchte wie Äpfel, Birnen und Kirschen setzen das gasförmige Pflanzenhormon Ethylen frei. Auf dem Luftweg erreicht es andere Früchte, die nun schneller reifen. Das liegt daran, dass Ethylen die Produktion von Enzymen anregt, die die Zellwände, Pektine und Chlorophyll abbauen. Dadurch werden reife Früchte weich und gleichzeitig werden nun die anderen Pflanzenfarbstoffe sichtbar oder sogar hergestellt – das Rot der Tomaten, Kirschen und anderer reifer Früchte. Außerdem bewirkt Ethylen, dass in den unreifen Früchten gelagerte Speicherstoffe zu Zucker umgebaut werden – die Früchte werden süß. Ein Garten-Tipp dazu finden Sie auf Seite 42.

Ethylen entsteht aber nicht nur in reifen Früchten. Alle Pflanzen produzieren es auch bei Umweltstress, also etwa bei herrschender Trockenheit oder bei Verletzungen. Feigen reifen schneller, wenn man sie ankratzt – das wussten schon die Menschen der griechischen Antike. Zudem lässt Ethylen verwundete Pflanzenstellen besser heilen. Und Ethylen ist auch einer der Alarmstoffe, die Pflanzen zusammen mit Methylsalicylat und Methyljasmonat verströmen, wenn sie von Schädlingen attackiert werden, um andere Pflanzen vor der Gefahr zu warnen.

Kommunikation über Töne

Monica Gagliano hat zusammen mit Forschern der Universität Westaustraliens beobachtet, dass Chilisamen besser keimen, wenn Basilikumpflanzen in der Nähe sind. Diese Nähe nehmen die Chilisamen auch wahr, wenn das Basilikum unter einer schwarzen Acrylabdeckung steht, die weder Licht noch chemische Substanzen durchlässt. Doch wie? Die Forscher mutmaßen – durch Töne. Sie weisen daraufhin, dass im Xylem beim Wasserstrom durch die Pflanze akustische Schallwellen entstehen können. Noch gibt es dazu keine weiteren Studien oder Belege.

Pflanzengetuschel im Untergrund

In diesem Kapitel geht es um die Kommunikation von Pflanzen mit Bakterien, Mikroorganismen und Pilzen im Boden. Verborgen vor unseren Augen findet im Unterirdischen eine enge Vernetzung von Bäumen und Sträuchern, von Blumen, Gräsern und Kräutern mit Bodenorganismen statt, die für die Gesundheit und das Wachstum der Pflanzen eine enorme Bedeutung haben. Lassen Sie sich überraschen.

Austausch mit Bodenlebewesen

Viel zu lang hat der Boden ein Schattendasein geführt. So wie mit ihm umgegangen wird, zeigt uns, wie wenig uns über seine wahre Bedeutung bekannt ist.

Als sei der Boden unendlich verfügbar, wird er versiegelt, mit chemischen Pflanzenschutzmitteln, mineralischen Kunstdüngern und Gülle belastet und es wird auf ihm herumgefahren und -getrampelt mit schweren Maschinen. Schutzlos wird er zudem Hitze und Frost, Niederschlägen und Winden preisgegeben. Doch der Boden ist viel mehr als nur Erde und Substrat, in dem die Pflanzen Halt, Wasser und Nährstoffe finden. Vielmehr ist er in seiner Gesamtheit ein lebendiges Wesen – der Boden ist die Grundlage allen Lebens auf den Kontinenten. Ohne einen lebendigen Boden können wir nicht existieren, geschweige denn überleben. Wem dies klar ist, der bringt dem Boden mehr Achtung entgegen und geht achtsam mit ihm und den darin enthaltenen Lebewesen um. Solch ein neues Bodenbewusstsein ist notwendig und längst überfällig.

In einer Handvoll gesundem Gartenboden leben mehr Organismen als Menschen auf der ganzen Erde. Stellen Sie sich in Ihrem Garten eine Fläche von 1 x 1 Meter vor. Würden Sie nun auf dieser Fläche den Boden 30 Zentimeter tief ausheben, so würden in dem Gesamtvolumen dieses Erdbodens über 350-mal so viele Bodenlebewesen vorkommen als Menschen auf der ganzen Erde. Nach Angaben in der Zeitschrift GEO befinden sich in 0,3 Kubikmetern Erdreich je 50 Asseln, Spinnen und Schnecken, weiterhin 80 Regenwürmer, je 100 Larven von Käfern und Zweiflüglern (also Fliegen und Mücken), 10.000 Borstenwürmer, 25.000 Rädertiere (die zu den Einzellern gehören), 50.000 Springschwänze (Urinsekten), 100.000 Milben, 1 Million Fadenwürmer (Nematoden) sowie 2,5 Billionen Mikroorganismen – das sind Bakterien plus mikroskopisch kleine Pilze und Algen. Diese Mikroorganismen werden auch Mikroben oder – als Ausdruck von einer Lebensgemeinschaft – Mikrobiom genannt. Solche Mikrobiome gibt es nicht nur im wurzeldurchwachsenen Boden, sondern auch in unserem Darm (Darmflora) oder auf unserer Haut. Mit diesen Bodenlebewesen haben die Pflanzenwurzeln mehr oder weniger Kontakt.

Das ist die natürliche Bodenfauna und -flora – tatsächlich gehört der bewurzelte Boden zu den artenreichsten Lebensräumen der Erde. Die meisten dieser Bodenlebewesen sind für unser Auge nicht sichtbar, sie spielen aber eine ungemein wichtige Rolle für das Wachstum und die Gesundheit von Pflanzen. Die Bakterien als Hauptdarsteller zerkleinern und verdauen zusammen mit den anderen pflanzlichen und tierischen Bodenlebewesen alle abgestorbenen pflanzlichen und tierischen Reste und scheiden sie aus. So werden diese sowie die mineralischen Stoffe aus dem Gestein in einem komplexen Prozess schrittweise abgebaut, bis sie in einer pflanzenverwertbaren Form vorliegen. Selbst nach ihrem Tod tragen die Bodenlebewesen zur Fruchtbarkeit des Bodens bei.

Dabei gibt es ein regelrechtes Zusammenspiel zwischen den im wurzelnahen Boden (der sogenannten Rhizosphäre, das ist der etwa drei Millimeter große Bereich rund um aktive Wurzeln) lebenden Mikroben und den Pflanzenwurzeln, bei dem die Beteiligten miteinander kommunizieren: mittels chemischer Sprache. Bei dieser Kommunikation fungieren die Wurzeln der Pflanzen und die „nützlichen" Mikroorganismen (auch als PGPM, wachstumsfördernde Mikroorganismen bezeichnet) sowohl als Sender als auch als Empfänger. Die „Worte" sind bestimmte organische Säuren, Aminosäuren, Zucker, Vitamine und andere Substanzen, die von den Wurzeln ins Erdreich abgegeben werden. Diese Substanzen (Exsudate) locken jede Menge Mikroorganismen an, die sich etwa mittels chemischer Kommunikation mit den Wurzeln über das Vorhandensein von verschiedenen Nährelementen austauschen. So signalisieren die Pflanzenwurzeln an die Mikroorganismen, welche Nährelemente sie benötigen, die dann von den Mikroorganismen pflanzenverfügbar aufbereitet werden.

Diese mannigfaltig von den Wurzeln in den Boden abgegebenen Substanzen (auch Exsudate genannt) verändern auch die Lebensbedingungen für die Bodenmikroben in den wurzelnahen Bereichen, etwa durch die Veränderung des pH-Werts – dadurch haben die Pflanzen einen Einfluss darauf, in welchem Ausmaß organische Reste und Bodenmineralien von den Mikroorganismen abgebaut und umgesetzt werden. Dabei handelt es sich – wie bei allen lebenden Systemen – um ein sehr komplexes, dynamisches Miteinander von Pflanzen und Mikroorganismen, das sich gemäß den Jahreszeiten, äußeren Umständen und Bedürfnissen immer wieder wandelt. Erst langsam bekommen wir Einblicke in und Verständnis von diesem komplexen System: Boden, Mikroorganismen und Pflanzenwurzeln sind ein ganzheitliches System und stellen ein eigenes Ökosystem dar.

Nützliche und schädliche Bodenmikroben

Unter den Bodenorganismen gibt es neben nützlichen, also wachstumsfördernden Arten, so wie überall in der Natur, auch solche mit schädigender Wirkung. Die Umgebung und das Milieu im Boden haben dabei, ähnlich wie im Darm, einen großen Einfluss darauf, welche Arten tatsächlich vorkommen, welche sich vermehren können und welche zurückgedrängt werden. So wie im Darm bei starkem Zuckergenuss die zuckerverwertenden Darmbakterien gefüttert werden und nach immer mehr Zucker „schreien“ (woraus dann noch mehr Hunger auf Zucker erwächst), ist es im Boden ähnlich. Im gesunden Boden sind dies vor allem nützliche „gute“ Mikroben, die die Pflanzen unterstützen und gleichzeitig allein schon durch Konkurrenz um den begrenzten Raum der Rhizosphäre die schädlichen in Schach halten. Im kranken, gar toten Boden hingegen können die schädlichen die Oberhand gewinnen, allein schon deshalb, weil die guten in der Minderzahl sind. Neuere Untersuchungen von Kateryna Zhalnina und Kollegen von der Universität Florida zeigen sogar, dass heranwachsende Haferpflanzen im Lauf ihrer Entwicklung von Keimung bis zu blühenden Pflanzen immer wieder andere Substanzen über die Wurzeln in den Boden abgeben, die ganz spezifische Bodenbakterien anlocken – diese versorgen die Haferpflanzen optimal mit den jeweiligen Nährstoffen, die sie benötigen. Durch Wurzelabsonderungen sorgen die Pflanzen gezielt dafür, dass nutzbringende Bakterienarten für besseres Wachstum, zur Abwehr von Krankheiten oder um Umweltstress zu bewältigen zur richtigen Zeit vorhanden sind – Letzteres wird in Zeiten von Klimawandel noch einmal so wichtig.

Sie nehmen nun sicherlich wahr, wie wichtig ein gesunder Boden ist und dass Sie Ihre Pflanzen sehr wohl durch die Pflege Ihres Gartenbodens unterstützen können. Stickstoff zu düngen im Sinne von „viel hilft viel“ ist diesbezüglich der falsche Weg und zieht ein „Noch mehr“ beispielsweise von Pflanzenschutzmitteln nach sich. So entsteht eine Spirale, in der sich aus dem einen das nächste ergibt, und die ins Abseits, weg von der natürlichen Lebensgemeinschaft im Boden führt.

Forscher fanden heraus, dass bestimmte Bakterien im Boden auch den nichtheimischen Pflanzen helfen, an neuen, für sie unbekannten Standorten zu wachsen und zu gedeihen. Sie nehmen sozusagen die fremden Pflanzen an die Hand und schaffen im Boden, in denen die Wurzeln sich ausbreiten müssen, so was wie eine kleine Heimat. Möglicherweise – so ein Gedanke – lindern die Bodenmikroorganismen ein wenig den Stress mit Trockenheit und anderer Bodenchemie, den die frisch gesetzte Pflanze am neuen Standort hat. Die Hilfe der Bodenbakterien trifft vermutlich auch für viele Pflanzen in Ihrem Garten zu, falls er nicht gänzlich als Naturgarten mit heimischen Gehölzen und Wildstauden angelegt wurde.

Wenn Sie im Garten den Boden besonders gut pflegen, unterstützen die natürlicherweise im Boden vorkommenden Bakterien Ihre frisch gesetzten Pflanzen, sodass sie sich gut einleben. Auch dabei kommunizieren die Pflanzenwurzeln mit den Bakterien, die ihnen nicht nur fürs Wachstum nötige Stickstoffverbindungen, sondern noch andere Nährelemente liefern und sogar komplexere Bausteine für den Stoffwechsel.

Garten-Tipp: EM

Effektive Mikroorganismen, auch EM genannt, sind eine Mischung verschiedener Hefen, fermentaktiver Pilze, Milchsäure-, Fotosynthese- und anderer Bakterien. Teruo Higa, Professor für Gartenbau an der japanischen Ryukyu-Universität in Okinawa (Japan), stellte in den 1980er-Jahren diese Mischung für die Verwendung in der Lebensmittelherstellung zusammen. In seinen Forschungen weitete er den Einsatzbereich der Effektiven Mikroorganismen kontinuierlich auch auf Gärtnern und Pflanzen, Hygiene und Gesundheit aus. Im Boden sollen diese die vorhandenen nützlichen Mikroorganismen unterstützen, die mikrobielle Aktivität und Bodenstruktur verbessern sowie dabei helfen, organisches Material fäulnisfrei zu verrotten und Humus aufzubauen. Zudem sollen sie die pflanzeneigenen Abwehrmechanismen fördern und Pflanzen regelrecht aufblühen lassen. Im Gartenteich sorgen die Effektiven Mikroorganismen für klares Wasser. Falls Sie bisher noch keine Effektiven Mikroorganismen oder Bokashi-Kompost ausprobiert haben – ein Versuch lohnt sich allemal.

Durch das Versenden von chemischen Botschaften ins Erdreich laden die Pflanzen direkt bestimmte Bodenmikroorganismen ein, die sich dann bevorzugt im Boden um die Wurzeln ansiedeln. So beeinflussen die Pflanzen direkt, welche Mikroben bei ihnen leben und welche nicht. Forschungen haben auch noch ergeben, dass jede Pflanzenart einen typischen Cocktail an chemischen Signalen ausscheidet und somit jede Pflanze eine ganz eigene, arttypische Zusammensetzung von Mikroorganismen um seine Wurzeln ansiedelt. Jede Pflanzenart ist somit von einem ganz eigenen Mikrobiom umgeben, so wie Haut und Darm eines jeden Menschen von einer ganz individuellen Mikroflora besiedelt ist.

Nützliche Bodenlebewesen fördern

Viele Probleme im Garten entstehen, weil der Boden meist als leblose, tote Materie angesehen wird und nicht als lebendiges dynamisches System. Jahrzehntelang wurde dieses Ökosystem Boden durch übertrieben eingesetzte und falsche Düngemittel, Pestizide, industriell-maschinelle, unsachgemäße, die Erosion fördernde Bodenbewirtschaftung und Versiegelung gestört und zerstört. Dabei ist der Boden der Darm Ihres Gartens, ihm gebührt die größte Aufmerksamkeit und Pflege.

Ein gesunder Boden hat eine Struktur wie ein Schwamm. Er ist von Poren durchzogen, die mehr als die Hälfte seines Volumens ausmachen. Die Poren führen abwechselnd Wasser und Luft – beides wichtige Faktoren, damit die Wurzeln wachsen und gedeihen können. Überall dort, wo der Boden verdichtet ist, etwa durch den Einsatz von schwerem Gerät beim Hausbau, dort, wo regelmäßig gelaufen wird oder Autos abgestellt werden, auch nach heftigen Regenfällen, wird das Porenvolumen zusammengedrückt und der Boden verdichtet. Nun kann er weniger Luft und weniger Wasser speichern. Diese Situation stresst die Pflanzen, die nun nicht mehr so gut wachsen können. Dagegen hilft regelmäßiges Lockern des Bodens, am besten auf sanfte Weise, zum Beispiel durch Mulchen.

Unterstützende Maßnahmen

1. Halten Sie den Boden stets bedeckt, denn der Boden will keinen Himmel sehen. Schauen Sie sich in der Natur um – dort gibt es zu keiner Jahreszeit, abgesehen von vereinzelten Stellen wie auf

sandigen Flächen, Abrisskanten oder Ähnlichem, offenen Boden, immer und jederzeit ist der Boden von einer Pflanzendecke bedeckt, auch im Winter, wenn diese abgestorben ist. Die Bodenbedeckung schützt den Boden und die darin lebenden Organismen vor Hitze und Kälte: Regengüsse treffen sanft auf die Bodenoberfläche und das Wasser kann keinen Boden wegschwemmen, der Wind kann keine Bodenpartikel wegwehen und die Bodentiere können ihrer wichtigen Tätigkeit nachgehen, lockern, organische Reste abbauen und mit den Pflanzen netzwerken. Im Garten bietet sich als Bodenbedeckung eine Vielfalt an Bodendeckerpflanzen an, die Gemüsebeete sind durch Mischkultur und Fruchtfolge stets bedeckt, auch im Winter etwa mit Feldsalat, oder durch eine Mulchschicht aus angetrocknetem Rasenschnitt, abgeernteten Pflanzenresten und Herbstlaub bedeckt.

»Boden will keinen Himmel sehen.«

2. Düngen Sie den Boden nur organisch mit Kompost, Gründüngung, Hornspänen und ähnlichen organischen Substanzen, denn diese Stoffe nähren die Bodenorganismen. Verzichten Sie auf mineralische Dünger, denn diese nähren kein einziges Bodenlebewesen und vernichten diese im schlimmsten Fall sogar. Zudem verändern mineralische Dünger die Zusammensetzung der Bodenbakterien rund um die Wurzeln, die dann möglicherweise nicht mehr die Pflanzen in ihrem Wachstum und der Abwehr von Krankheiten unterstützen.
3. Verzichten Sie gänzlich und konsequent auf den Einsatz von Herbiziden (Unkrautvernichtungsmittel) und Insektiziden – diese töten auch die nützlichen Bodenorganismen ab.

Immunsystem Bodenbakterien

Das Immunsystem der Pflanzen liegt im Boden – dort entscheidet sich, ob die Pflanzen natürlich gesund heranwachsen oder ob sie anfällig für Krankheiten oder einen Massenansturm von Pflanzensaugern sind. So wie sich beim Menschen eine gestörte Verdauung auf den gesamten Organismus auswirkt, so verhält es sich laut aktueller Forschungsergebnisse bei den Pflanzen, wenn der Boden nicht gesund ist. Die „nützlichen" Bodenbakterien unterstützen das Immunsystem der Pflanze und helfen dabei, krankheitserregende Bakterien abzuwehren. So haben in einer gesunden Lebensgemeinschaft im Erdreich bodenbürtige Krankheitserreger kaum eine Chance, Pflanzen zu befallen und krank zu machen.

Wurzeln bilden an ihren feinen Enden sogenannte Grenzzellen, die diese schützend in einer gallertigen Substanz ähnlich wie eine Aura umgeben. Die Grenzzellen sind Teil des Immunsystems der Pflanze. Sie funktionieren genauso wie die weißen Blutkörperchen in unserem Körper und fangen gezielt Krankheitserreger ab. Sind diese Pathogene in den Grenzzellen gefangen, können sie nicht weiter in die Wurzeln eindringen und Krankheiten auslösen. Dies haben Forscher beispielsweise an den Wurzeln von Baumwollpflanzen herausgefunden. Zudem rufen Pflanzenwurzeln, die von pathogenen Bodenbakterien befallen werden, durch Wurzelsekrete nützliche Bodenbakterien herbei – diese unterstützen die pflanzliche Immunabwehr. Das haben unter anderem Forscher im Helmholtz-Zentrum München herausgefunden. Und sie haben herausgefunden, dass Pflanzen sogar eine unserer Immunabwehr ähnliche Reaktion zeigen: Wenn sie zum zweiten Mal von einem Krankheitserreger befallen werden, so reagieren die Pflanzen viel schneller und genauer auf diesen und können ihn besser abwehren.

Diese Abwehr wirkt sogar, so haben Forscher in Experimenten mit *Arabidopsis*-Pflanzen (Acker-Schmalwand) ermittelt, wenn Krankheitserreger die Blätter befallen: Wenn in den Blättern Pathogene abgewehrt werden, senden sie ein SOS an die Wurzeln. Dadurch werden auch in den Wurzeln die Abwehrmechanismen hochgefahren: Die Wurzeln produzieren vermehrt Apfelsäure und geben diese in den Boden ab. Die Apfelsäure lockt nützliche Heubakterien an, die die Immunabwehr der Pflanze stärken und pathogene Bakterien abwehren.

Wissenschaftler kennen erst einen kleinen Teil dieser Zusammenarbeit von Wurzeln und nützlichen Bodenbakterien, die in einer Symbiose zusammenleben und miteinander chemisch kommunizieren. Weitere Forschungen in diesem Bereich führen sicherlich zu vielen neuen Erkenntnissen, die auch für Sie im Garten nützlich sein werden: Sie können dann aktiv Ihre Pflanzen vor Krankheiten schützen, indem Sie das Zusammenspiel mit den Bodenmikroben gezielt fördern. Voraussetzung dafür ist ein gesunder Boden. Und dafür können Sie, ungeachtet der wissenschaftlichen Erkenntnisse, jederzeit ganz viel tun (siehe S. 136).

Unbedingt angewiesen auf die Hilfe der nützlichen Bodenbakterien sind die Pflanzen bei der Abwehr von schädlichen Pilzen, so Forscher vom Max-Planck-Institut für Pflanzenzüchtung in Köln. Im Boden konkurrieren dabei die natürlichen Bodenbakterien mit Pilzen um die Rhizosphäre, den unmittelbaren Raum um die aktiven Wurzeln. In Zahlen ausgedrückt fanden die Forscher 148 verschiedene Bakterienarten, 34 Pilzarten sowie acht Scheinpilze. Dort, wo viele Bakterien vorkamen, gab es signifikant weniger Pilze und umgekehrt. Um genau herauszufinden, wie Pflanzenwurzeln reagieren, setzen die Forscher in Versuchen die Wurzeln der Acker-Schmalwand *(Arabidopsis)* verschiedenen Bodenorganismen aus: nur Bakterien, nur Pilze, nur Scheinpilze oder verschiedene Kombinationen aus Bakterien, Pilzen und Scheinpilzen. Nach vier Wochen waren die Pflanzen in sehr unterschiedlichen Gesundheitszuständen. Allen Pflanzen, in deren Substrat keine Bakterien vorkamen, ging es schlecht – ihr Wachstum war geschädigt, ihre

Überlebenschance gering. In allen Versuchsanordnungen, in denen zu den Pilzen jeweils Bakterien im Substrat vorkamen, zeigten sie denselben gesundheitlichen Zustand wie die Pflanzen, in deren Substrat nur Bakterien vorkamen. Am gesündesten zeigten sich die Versuchspflanzen, in deren Substrat alle Beteiligten vorkamen – also Bakterien, Pilze und Scheinpilze. „Gute" Bodenbakterien sind demnach für die Gesundheit der Pflanzen genauso wichtig wie „gute" Darmbakterien für unsere menschliche. Welche Bodenbakterien gut sind, weiß die Pflanze – sie lockt sie mittels chemischer Kommunikation (siehe S. 133) an.

Neues von den Knöllchenbakterien

Leguminosen (Hülsenfrüchtler) haben eine besondere Fähigkeit: Dank Knöllchenbakterien, die in kleinen Knöllchen an den Wurzeln sitzen, können sie den elementaren Stickstoff (N_2) aus der Luft als Stickstoffquelle nutzen. Stickstoff gibt es in unbegrenzter Menge in der Lufthülle der Erde, denn 78 Prozent der darin enthaltenen Gase sind Stickstoff. Die Knöllchenbakterien haben diese Überfülle „erkannt" und einen Weg gefunden, wie sie den Luftstickstoff chemisch binden können – kein einfaches Unterfangen, denn Stickstoff liegt in der Luft als reaktionsträges Element vor. Doch mithilfe des bakteriellen Enzyms Nitrogenase gelingt dies den Knöllchenbakterien. Sie versorgen sich und die Pflanze mit lebensnotwendigem, wachstumsförderndem Stickstoff (in Form von Ammoniak). Dadurch sind die Leguminosen vor allem auf stickstoffarmen Böden den anderen Pflanzen überlegen, die keine Symbiose mit Knöllchenbakterien eingehen. Knöllchenbakterien sind weitverbreitete Bodenbakterien, die auch Rhizobien genannt werden.

Diese Symbiose beruht auf intensiver Kommunikation zwischen den Pflanzen und den Bakterien. Schon seit weit über 100 Jahren ist Biologen bekannt, dass bestimmte stickstofffixierende Bodenbakterien in die Wurzelhaare der Leguminosen eindringen. So entstehen die wachstumsfördernden Wurzelknöllchen. Doch wie kommen diese Bakterien in die Wurzelhaare hinein, denn es ist nicht so einfach, eine aus Zellulose bestehende Zellwand zu durchdringen. Erst neuere Untersuchungen britischer Forscher haben ergeben, dass die Knöllchenbakterien zunächst an der Wurzeloberfläche anklopfen, indem sie dort an bestimmte Kalziumverbindungen andocken. Das Klopfen nimmt die Pflanze wahr und öffnet dann selbst die Tür, um die Knöllchenbakterien einzulassen: Der Türöffner ist ein pflanzeneigenes Enzym, das für die Knöllchenbakterien ein Loch zum Durchschlüpfen in die Zellwand der Wurzelhaare baut. Durch das Eindringen von immer mehr Bakterien entstehen die typischen Knöllchen, die Sie an den Wurzeln der Leguminosen sehen können.

Übrigens sind auch die Bakterien nicht selbstlos: Sie finden in den Knöllchen geschützte, sauerstoffarme Plätze für ihr Tun und werden von der Pflanze ernährt, mit Fotosyntheseprodukten.

Garten-Tipp: Gründüngungspflanzen

Hülsenfrüchtler sind nicht nur schön anzusehen. Unter ihnen gibt es wertvolle Nutzpflanzen, sogenannte Gründüngungspflanzen. Diese Pflanzen verbessern auf natürliche Weise den Boden. Sie werden auf freien Flächen ausgesät und nach der Ernte oder im Frühjahr flach in die obersten Bodenschichten eingearbeitet.

Zum Essen anbauen:
Erbsen *(Pisum)*, Busch- und Stangenbohnen *(Phaseolus)*, Linsen *(Lens)*, Erdnüsse *(Arachis)*

Als Gründüngung anbauen:
Klee *(Trifolium)*, Luzerne *(Medicago)*, Wicke *(Vicia)*, Wundklee *(Anthyllis)*, Hornklee *(Lotus)*, Platterbse *(Lathyrus)*

Auch Robinien *(Robinia)* und Goldregen (*Laburnum*, Achtung: sehr giftig) besitzen Wurzelknöllchen.

Kommunikation mit Pilzen

Pflanzen kommunizieren nicht nur mit Mikroorganismen und gehen mit ihnen eine enge Lebensgemeinschaft ein, sondern auch mit Pilzen.

Mykorrhiza heißt diese Symbiose zwischen Pilz und Pflanze – und wenn Sie jetzt denken, das betrifft doch nur die Bäume im Wald, dann täuschen Sie sich. Geschätzte 90 Prozent aller Landpflanzenarten inklusive Gräser können mit Pilzen eine solche Mykorrhiza-Lebensgemeinschaft bilden und mit ihnen kommunizieren – und in einer solchen Lebensgemeinschaft geht es ihnen deutlich besser.

Symbiose ist nützlich

Den Begriff „Mykorrhiza“ verwendete der deutsche Pflanzenphysiologe Albert Bernhard Frank (1839–1900) der Landwirtschaftlichen Hochschule Berlins zum ersten Mal. Er prägte dieses aus den beiden altgriechischen Wörtern für Pilz *(mykes)* und Wurzel *(rhiza)* zusammengesetzte Wort, weil bei dieser Symbiose der Pilz engen Kontakt mit den feinen aktiven Wurzeln der Pflanzen hat. Mykorrhizapilze sind Bodenpilze, die fast überall auf der Welt vorhanden sind. Sie haben die Fähigkeit, sich mit den Feinwurzeln zu vernetzen. Dabei umspinnen die Pilzfäden des Myzels die Enden der feinen Pflanzenwurzeln mit einem dichten Geflecht und dringen in die Rindengewebszellen der Wurzeln ein. Diese Partnerschaft hat für beide einen großen Vorteil, denn es kommt dabei zu einem gegenseitigen Austausch von Stoffen. Das Myzel (Wurzelgeflecht) der Pilze versorgt dank der vergrößerten aufnahmefähigen Oberfläche die Pflanze mit Nährelementen, Mineralstoffen und Wasser, während der Pilz von der Pflanze die für sein Wachstum benötigten Zuckerverbindungen (Kohlenhydrate) und organischen Stoffe erhält. Untersuchungen haben ergeben, dass

Bäume etwa 80 Prozent ihres Bedarfs an Stickstoff- und Phosphorverbindungen über diese „Pilz“-Leitungen erhalten. Dadurch fördert die Symbiose direkt die Pflanze in ihrem Wachstum, auch der Wurzeln sowie der Bildung von Blüten, Samen und Früchten. Zudem schützt das Pilzgeflecht die Pflanzenwurzel vor dem Eindringen von Schädlingen.

Zwei verschiedene Formen von Mykorrhiza

Ektotrophe Mykorrhiza, Ektomykorrhiza: Bei dieser Form der Mykorrhiza hüllt das Wurzelgeflecht der Pilze die Pflanzenwurzeln ein und dringt bis in die äußeren Zellschichten der Wurzel vor, wächst aber lediglich in den Zellzwischenräumen. Die meisten Waldbäume gehen diese Form von Lebensgemeinschaft mit Ständerpilzen ein, etwa Lärchen mit verschiedenen Lärchen-Röhrlingen (*Suillus*-Arten) oder Birken mit dem Zottigen Birken-Milchling *(Lactarius torminosus)*. Vor allem bei ungünstigen Bodenverhältnissen zeigen die Bäume ohne ihren jeweiligen Pilzpartner ein stark gehemmtes Wachstum.

Endotrophe Mykorrhiza, Endomykorrhiza: Bei dieser Form der Mykorrhiza dringen die Pilzfäden tiefer in die Wurzel ein und wachsen auch in den einzelnen Zellen. Diese Lebensgemeinschaft gehen verschiedene Kräuter, Stauden, Gräser und Halbsträucher ein, in selteneren Fällen Bäume. Bei den Orchideen ist endotrophe Mykorrhiza weitverbreitet, ja fast alle Orchideen sind auf eine solche Partnerschaft mit einem Pilz angewiesen, schon die Keimung der winzigen Samen gelingt nur mit dem passenden Pilzpartner. Diese Mykorrhizapilze sind meist niedere Arten, die unterirdisch wachsen und keine Fruchtkörper wie Stiel und Hut oder Ähnliche ausbilden. Zu dieser Gruppe gehören auch die sogenannten arbuskulären Mykorrhizapilze (AM), die mit 80 Prozent aller Landpflanzen eine Symbiose eingehen, auch mit den Süßgräsern, zu denen neben den Rasengräsern die für die Ernährung wichtigen Getreide gehören.

Diese Pilze dringen in die Wurzelrindenzellen ein und bilden dort kleine, bäumchenartig verzweigte Fäden.

Neben diesen beiden Hauptformen gibt es auch viele Mischformen mit frei fließenden Übergängen.

Bäume und ihre Pilzpartner

Wissenschaftliche Studien belegen, dass die Bäume in einem intakten Wald durch das ausgedehnte, unterirdische Wurzelgeflecht der Mykorrhizapilze miteinander vernetzt sind. Diese Vernetzung hat sich vor Millionen Jahren gebildet und sich in ebenso langen Zeiträumen bewährt. Beide Partner – die Bäume und die Pilze – sind aufeinander angewiesen. Sterben die Bäume, so stirbt auch der Pilz, und umgekehrt. Wird der Boden mit den Wurzeln geschädigt, etwa durch mit Stickoxiden aus dem Straßenverkehr gesättigtem Regen, so reagieren die Pilze darauf besonders empfindlich. Sie können die Wurzeln der Bäume nicht mehr ausreichend bei der Mineralstoff- und Wasserversorgung unterstützen. Kommt nun weiterer Stress wie extreme Klimaschwankungen mit langer Trockenheit oder starker Nässe hinzu, werden die Bäume noch mehr geschädigt – und fallen dem nächsten Sturm anheim oder können leicht von parasitischen Pilzen oder Borkenkäfern befallen werden. Im gesunden Boden geht es daher nicht nur den Bodenbakterien gut, sondern auch den Pilzen – beides ist lebensnotwendig für die Pflanzen. Wird das Gleichgewicht im Boden gestört, so greift das in das komplexe Miteinander von Pilzen und Pflanzen ein und bringt ein Ökosystem aus dem Gleichgewicht.

Von dieser Lebensgemeinschaft zwischen Baumarten und bestimmten Pilzen wissen auch die Pilzsammler. Sie suchen einerseits gezielt Fichten-Steinpilze, Maronen-Röhrlinge und Ziegenlippen (Filzige Röhrlinge) unter der Gemeinen Fichte und wissen andererseits, dass der tödlich giftige Grüne Knollenblätterpilz gern unter Eichen steht.

Blumen kommunizieren mit Pilzen

Nicht nur Bäume, sondern auch viele andere Pflanzen haben Pilzfreunde im Boden, mit denen sie rege Wasser, Nährelemente wie Phosphor und Stickstoff sowie Kohlenhydrate austauschen. Forscher untersuchten dazu die Leguminose Schneckenklee *(Medicago truncatula)*, die in Symbiose mit drei verschiedenen, nah verwandten Mykorrhizapilzen lebt. Jede dieser drei Pilzarten beliefert den Klee mit unterschiedlichen Mengen an Phosphor. Forscher fanden dabei heraus, dass die Pflanzen einen gewissen Einfluss darauf haben, wohin die bei der Fotosynthese gebildeten Kohlenhydrate fließen und wer sie erhält: In diesem Fall bekam der Pilzpartner über das unterirdische Wurzelgeflecht die meisten Kohlenhydrate, der seinerseits dem Klee den meisten Phosphor lieferte. Der Pilzpartner, der am wenigsten Phosphor an den Klee leitete, bekam den geringsten Anteil an den Zuckerverbindungen. Dies gilt vermutlich auch für die anderen Nährelemente, die in diesem Versuch nicht berücksichtigt wurden. Pflanzen nehmen also doch sehr gut wahr, wer viel und wer wenig gibt – und sie können darauf entsprechend antworten.

Garten-Tipp: Mykorrhiza fördern

Viele Pflanzen leben besser, wenn Mykorrhizapilze im Boden vorhanden sind. Dieser positive Effekt betrifft nicht nur Gehölze und Blumen, sondern auch Nutzpflanzen wie Erdbeeren und Beerensträucher, Gemüse und Kräuter. Doch wie bekommen Sie diese Pilze in Ihren Garten?

- Wenn Sie heimische Wildsträucher mit Wurzelballen pflanzen, so gelangen mit deren Wurzeln auch verschiedene Mykorrhizapilze, darunter nicht nur die mit Gehölzen eine Symbiose eingehenden Ektomykorrhizapilze, in Ihren Garten, sondern auch Endomykorrhizapilze – und die können nun mit den Nutzpflanzen, Blumen und Gräsern eine Symbiose eingehen.
- Mykorrhizapilze sind käuflich erhältlich. Im Biolandbau werden sie schon intensiv eingesetzt. Beim Kauf müssen Sie darauf achten, dass

Sie die richtigen Pilzprodukte wählen. Ektomykorrhizapilze, zu denen viele bekannte Speise- und Giftpilze zählen, gehen mit Bäumen und Sträuchern eine Symbiose ein – diese werden in einem kleinen Sortiment angeboten. Wichtiger für Ihren Garten sind Endomykorrhizapilze, die mit Kräutern, Stauden und Gräsern eine Symbiose eingehen, auch mit Kübel-, Balkon- und Zimmerpflanzen. Die Anwendung ist ganz einfach, indem Sie das Mykorrhizaprodukt einmalig wie ein Dünger unter die Erde oder das Substrat mischen – danach breitet sich der Mykorrhizapilz von selbst und dauerhaft im Boden aus. Mykorrhiza eignet sich auch für Rasenflächen, Rosen und viele Gemüsekulturen wie Tomaten, Gurken, egal ob im Freien oder im Gewächshaus.

Die Pilze nehmen ihrerseits wahr, welche Pflanze großzügig Kohlenhydrate fließen lässt. In einem Versuch gaben sie an die Wurzeln mehr Phosphor ab, von denen sie mehr Kohlenhydrate erhielten. So gibt es zwischen Pflanzen und Mykorrhizapilzen tatsächlich einen innigen Dialog über Geben und Nehmen, bei dem beide Partner gleichberechtigt sind. Beide sorgen ihrerseits dafür, dass der gegenseitige Nährstofffluss im Gleichgewicht ist. Schmarotzen lohnt sich nicht – das könnte eine Botschaft der Pflanzen-Pilz-Gemeinschaft an uns Menschen sein. Fördern sich Pilz und Pflanzen gegenseitig, so führt dies dazu, dass es beiden Partnern gut geht und dass sie sich in ihrem Wachstum optimal unterstützen. Solche Pflanzen sind robuster und widerstandsfähiger – das entspricht ja nicht nur dem Wunsch der Landwirte, sondern auch dem von uns Gärtnern.

Mykorrhizapilze an Nutzpflanzen

An Erdbeeren haben Forschungen ergeben, dass das Vorhandensein von endotrophen Mykorrhizapilzen im Boden den Nährstoffgehalt positiv beeinflusst: Die Erdbeerfrüchte waren reicher an Vitamin C, Aroma- und Duftstoffen und intensiver rot gefärbt. Der positive Einfluss von endotrophen Mykorrhizapilzen im Boden macht sich sogar noch nach der Ernte bemerkbar, wie verschiedene Studien herausfanden. Brot aus Weizen, der mit endotrophen Mykorrhizapilzen aufgewachsen ist, kam im Geschmackstest bei den Probanden besser an als Brot aus Weizen ohne Symbiose. Kartoffeln aus mykorrhizareichem Boden faulen im Lager zu 90 Prozent weniger als Kartoffeln aus mykorrhizafreiem Boden. Diese Forschung steht erst am Anfang, weitere Studien werden sicherlich noch zahlreiche positive Effekte von Mykorrhiza in Bezug auf Geschmack, Qualität und Haltbarkeit zeigen. Wissenschaftler forschen auch, wie man Mykorrhizapilze großflächig auf Feldern ausbringen kann, um nicht nur bessere Ernten einzufahren, sondern auch um weniger Dünge- und Pflanzenschutzmittel einsetzen zu müssen.

Die Endomykorrhizapilze entfalten im Garten dieselben „Kräfte" wie in der Natur. Die feinen Pilzfäden des Wurzelgeflechts (Myzel) umspinnen die Wurzeln Ihrer Gartenpflanzen, von denen etwa 80 Prozent zu einer innigen Verbindung mit dem Pilzmyzel befähigt sind. Dabei unterstützen sich die beiden Partner gegenseitig – der Pilz kann durch sein feines Geflecht viel intensiver den Boden durchdringen als die Pflanzenwurzeln und liefert an die Pflanzen Wasser und Nährstoffe wie Phosphor, Stickstoff und andere. Im Gegenzug versorgt die Pflanze den Pilz mit Fotosyntheseprodukten – ein Plus für beide Partner. Die Pflanzen werden dank des Pilzpartners kräftiger und gesünder: kräftiger wegen der besseren Versorgung mit Wasser und Nährelementen, gesünder wegen der durch den Pilz gestärkten Immunabwehr gegen Krankheiten und Schädlingsbefall. Wissenschaftler fanden in Studien aber auch heraus, dass nicht alle Pflanzen in gleichem Maße mit dem Pilzfreund im Boden zusammenarbeiten. Dazu prüften sie bei fünf verschiedenen heimischen, in Symbiose mit einem Pilzpartner lebenden Pflanzenarten – Spitz-Wegerich *(Plantago lanceolata)*, Breit-Wegerich *(Plantago major)*, Gamander-Ehrenpreis *(Veronica chamaedrys)*, Schneckenklee *(Medicago truncatula)* und einjährigem Rispengras *(Poa annua)* –, welche Substanzen sich in den Blättern anreichern. Bei allen Pflanzen stieg der Phosphorgehalt in den Blättern. Darüber hinaus fanden die Forscher aber große Unterschiede zwischen den einzelnen Pflanzenarten, sogar zwischen recht eng miteinander verwandten Arten, was sie mit der guten Versorgung an Phosphor machten: Manche wie der Spitz-Wegerich lagerten beispielsweise mehr Abwehrstoffe in die Blätter ein.

Wichtig ist, so oder so: Sorgen Sie unbedingt für einen gesunden Boden (siehe S. 135), in dem die empfindlichen Mykorrhizapilze die größten Überlebenschancen haben.

Garten-Tipp: Mykorrhizapilze härten Pflanzen ab

Es gibt noch eine weitere gute Botschaft zu der Symbiose zwischen Pflanzen und Mykorrhizapilzen – Forscher fanden bei Reispflanzen heraus, dass diese viel besser den Stress durch Trockenheit, Kälte und andere Klimafaktoren aushalten können, wenn sie einen unterirdischen Pilzpartner besitzen. Das liegt vermutlich daran, dass die Pilze imstande sind, die bei Stress von der Pflanze gebildeten freien Sauerstoffradikale zu „schlucken“ sowie ihrerseits Wachstumshormone zu bilden und an die Pflanze weiterzuleiten. Pflanzen und Pilze sind einfach ein perfektes Team! In Zeiten des Klimawandels können Sie Ihre Pflanzen im Garten besser auf die anstehenden Änderungen anpassen, indem Sie die Mykorrhizapilze im Boden durch gute Bodenpflege fördern. So wird in Zukunft ein gesunder Boden noch wichtiger als zuvor. Auch Pflanzen, die im Winter Streusalz ausgesetzt sind, profitieren durch Mykorrhizapilze, denn diese erhöhen die Widerstandskraft gegen Salzstress.

Pflanzenpalaver mit Insekten

In diesem Kapitel lernen Sie die vielfältigen Beziehungen der Pflanzen mit verschiedenen Tieren – vor allem Insekten – kennen. Pflanzen holen nicht nur Insekten zur Hilfe, um mit fressenden Raupen fertigzuwerden, sondern hatten auch die „glorreiche Idee", Insekten für den Transport des Blütenstaubs von Blüte zu Blüte anzustellen. Dieser Weg ist weitaus sicherer als die Bestäubung mit dem unzuverlässigen Partner Wind, denn die Pflanze braucht dadurch nicht mehr wahre Wolken an Pollen zu produzieren. Sie muss nur in passende Landestrukturen investieren, die sich durch Kommunikation mit den Bestäubern entwickeln und dazu noch etwas Nektar als Lockmittel und Fahrgeld anbieten: Blütenökologie ist eines der faszinierendsten Themen im Miteinander von Pflanzen und Tieren – und Sie können dieses live in Ihrem Garten miterleben.

Innige Beziehung mit Insekten

Seit Millionen Jahren führen Pflanzen eine intensive Beziehung mit Insekten, die gegenseitig zu der heutigen Fülle an Arten geführt hat.

Neben der allseits bekannten Bestäubung von Blüten, die für uns Menschen überlebenswichtig ist – ohne sie gäbe es keine Früchte, kein Gemüse, keine pflanzlichen Fasern –, findet unglaublich viel Kommunikation zwischen Pflanzen und Insekten statt.

»Das Hauptthema pflanzlicher Gespräche dreht sich um Attacken von Fressfeinden sowie um Sex.«

Dreh- und Angelpunkt bei der Kommunikation mit Insekten sind Substanzen (VOCs) wie Methyljasmonat, Jasmonsäure und Salicylsäure (siehe S. 117). Obwohl chemisch ein und dieselbe Substanz führen sie jeweils zu unterschiedlichen Wirkungen: Über die Blüten verströmt locken sie Blütenbestäuber an, über die Blätter als grüner Blattduftstoff hingegen jagende und parasitische Feinde ihrer eigenen Fressfeinde. Zudem können Pflanzen sehr gut die Duftstoffe von Insekten nachmachen – und setzen diese auch gezielt ein: Mit aromatischen Düften locken sie Bestäuber an, mit unangenehm riechenden Monoterpenen wehren sie Fraßfeinde ab.

Garten-Tipp: Stechmücken fernhalten

Perfekte Pflanzen für die Terrasse sind Tomaten und Katzenminze, denn sie vertreiben dank ihrer intensiven Düfte Stechmücken.

Pflanzen rufen die Feinde ihrer Fressfeinde

Die Blätter, Blüten, Knospen und viele andere Teile der Pflanzen sind für Heerscharen von kleinen und großen Tieren eine leckere Mahlzeit. Pflanzen wachsen verlässlich überall und sie wachsen ständig nach, Pflanzen sind recht groß und können nicht weglaufen. Pflanzenkost ist auch immer verfügbar, sogar mitten im Winter. Kein Wunder, dass es zu jeder Zeit der Erdgeschichte und auf allen Kontinenten jede Menge Pflanzenfresser gibt.

Pflanzen sind aber auf keinen Fall wehrlos den Attacken ausgesetzt. Sie wehren sich aktiv und passiv gegen ihre Angreifer. Gegen Pflanzenfresser wehren sich Pflanzen durch körperliche und chemische Strukturen – sie bilden vorsorglich Stacheln, Dornen, Brenn-, Borsten- und Klebhaare, sie verströmen widerliche Gerüche oder lagern eine große Palette verschiedener Gifte (wie etwa Colchicin bei Herbstzeitlosen, Glykoside bei Fingerhut oder Aconitin beim Blauen Eisenhut, der giftigsten Pflanze Europas) und ätherischer Öle wie etwa die der Gewürzkräuter Thymian, Rosmarin und Lavendel ein, die den Pflanzenfressern ordentlich den Appetit verderben sollen. Im Falle einer Attacke greifen die Pflanzen zur Selbstverteidigung, indem sie gezielt noch mehr Giftstoffe in die Blätter einlagern. Und sie lassen sich zusätzlich noch helfen – von den natürlichen Gegenspielern der pflanzenfressenden Lebewesen. Doch um diese gezielt zur Hilfe holen zu können, müssen Pflanzen erst einmal erkennen, wer da an ihnen knabbert. Und das können sie tatsächlich. Forscher fanden beispielsweise an der Limabohne heraus, dass diese Pflanzen über den Speichel der beißenden Tiere genau wahrnehmen, wer in sie reinbeißt. Und auch Bäume können anhand des Speichels unterscheiden, ob ein Reh die Knospen, Blätter und junge Äste abfrisst oder ob diese abgebrochen oder abgeschnitten werden. Biologen der Universität Leipzig und des Deutschen Zentrums für integrative Biodiversitätsforschung Halle studierten dies an jungen Rot-Buchen *(Fagus sylvativa)* und

Berg-Ahornen *(Acer pseudoplatanus)*. Waren es Rehe, dann produziert der Baum jede Menge Salizylsäure – diese Substanz fährt nicht nur den Gerbstoffgehalt hoch und lässt die Pflanzenteile bitter werden, was Rehe überhaupt nicht mögen, sondern stimuliert auch Wachstumshormone, um den Verlust der abgefressenen Knospen auszugleichen. Waren es keine Rehe, sondern eine Gartenschere, unterbleibt jegliche Reaktion der Bäume.

Garten-Tipp: Schneiden tut nicht weh

Sie können aufatmen: Weder Ihre Gartenwerkzeuge noch Ihre Hände hinterlassen beim Abschneiden von Ästen oder Schnittblumen, beim Ausgeizen der Tomaten oder beim Ernten irgendwelche Speichelreste auf den betroffenen Pflanzen. Derlei Arbeiten führen weder zu Stress bei den Pflanzen noch dazu, dass die Pflanzen Alarm aussenden, um ihre Verteidigungsstrategien zu starten. Und obwohl die Pflanze natürlich durch elektrische Impulse wahrnimmt, dass und wo sie verletzt wurde, empfindet sie sicherlich keine Schmerzen, jedenfalls nicht in dem Sinne, wie wir schmerzempfindlich sind. Pflanzen fehlen Schmerzrezeptoren und sie besitzen auch kein zentrales Nervensystem, das über die verschiedenen Sinne aufgenommene Reize in Gefühle und Empfindungen übersetzt. So gesehen, brauchen Sie sich beim Gehölzschnitt keine Sorgen um die Pflanze zu machen, wohl aber um die Vögel, Insekten und andere Tiere, für die die Pflanzen lebenswichtige Nahrung, Schutz und Brut- oder Nistplatz sind.

Indirekte Abwehrmaßnahmen

Um weiterhin zu entschlüsseln, was passiert, wenn ein Tier an einem Blatt frisst, haben Wissenschaftler vom Max-Planck-Institut für chemische Ökologie in Jena eine künstliche Raupe entwickelt: MecWorm. Sie „frisst", gesteuert von einem Computer, mithilfe eines Bolzens kleine Löcher in den Rand eines Blattes – so wie es eine Raupe tun würde. Wie die Pflanze darauf reagiert und welche Substanzen sie freisetzt, wird von einem Massenspektrometer analysiert. Nach den ersten Bissen reagiert die Pflanze erst mal gar nicht. Erst durch permanentes „Knabbern“ über einen längeren Zeitraum hinweg realisiert die Pflanze, dass die Verletzungen nicht einmaliger Natur sind und durch ein Ereignis wie etwa einen Sturm hervorgerufen werden, sondern tatsächlich durch einen Fraßfeind geschieht. Um der Realität nahezukommen, „knabbert“ MecWorm beispielsweise tagsüber sechs Stunden lang und ruht die restliche Zeit des Tages. Sobald die Pflanze merkt, dass es da einen gewissen Rhythmus mit gleichförmigen Reizen (das Knabbern) gibt, schlägt sie Alarm: Sie verströmt große Mengen an Duftstoffen über die attackierten Blätter – und läutet mit diesem SOS-Ruf eine Rettungsaktion ein, die bis in die Wurzel reicht. Die Duftfahne erreicht die sensiblen Insekten-„Nasen“, die schon bald die befallenen Pflanzen anfliegen.

Das Erstaunliche: Pflanzen setzen nicht auf eine generierte, für alle Fälle gleiche Verteidigungsstrategie, sondern auf Vielfalt – je nach Pflanzenart und Schädling sieht diese anders aus. Die Pflanzen wissen also nicht nur ganz genau, wer an ihnen frisst, sondern auch wer die Helfer sind und diese locken sie gezielt mit den Düften an, auf die die jeweiligen Insekten reagieren. Sie wissen also ganz genau, welche Duftworte und welches „Eau des Insectes“ wirkt. Ein paar Beispiele:

Limabohnen: Fressen Raupen an den Blättern, so locken die Limabohnen Schlupfwespen herbei, die ihre Eier in die Raupe legen und sie parasitieren. Fressen hingegen Milben daran, so rufen die Blätter mittels Duft nach Ameisen und Raubmilben. Fressen Käfer an den Pflanzen, erhöhen die Blüten ihren Nektargehalt und locken dadurch Käferfeinde an.

Mais: An den Blättern vom Mais fressen verschiedene Raupen, darunter auch die bei uns als Wanderfalter im Sommer einfallenden Seidenglanzeulen (Nachtfalter, *Spodoptera exigua*). Aus den verletzten Blättern verströmte Duftstoffe (VOCs) laden gezielt *Cotesia*-Schlupfwespen an, die ihre Eier in die Raupen legen und diese so dezimieren.

Manche Maispflanzen sind noch schneller: Sie erkennen am Geschmack genau die Eier der schädigenden Nachtfalter und rufen mittels Duftstoffe die Schlupfwespen schon herbei, bevor aus den Eiern überhaupt Raupen schlüpfen und erste Fressschäden anrichten konnten. Diese Feindlockdüfte setzen Maispflanzen auch unterirdisch ein: Fressen die Larven des Maiswurzelbohrers, eines Blattkäfers, an den Wurzeln, geben diese einen Duftstoff (β-Caryophyllen) in den Boden ab – er lockt gezielt insektenfressende Fadenwürmer (Nematoden) an.

Garten-Tipp: Innere Uhr

Wie wir Menschen haben auch Pflanzen eine innere Uhr. Anhand dieser inneren Uhr wissen die Pflanzen genau, ob die Raupen tagsüber oder nachts fressen – denn tatsächlich gibt es Raupenarten, die tagsüber fressen und nachts schlafen und umgekehrt. Die Kohlpflanzen richten sich in ihren Abwehrmaßnahmen nach dem Zeitplan der Raupen – tagsüber fahren sie die Produktion von Abwehr- und Inhaltsstoffen hoch, nachts senken sie diese ähnlich unseren Fabriken ab. Die Forscher untersuchten im Tageslauf die Inhaltsstoffe der Kohlblätter – und siehe da, vier bis acht Stunden nachdem die Sonne aufgegangen ist, ist der Gehalt an Nähr- und wertvollen Inhaltsstoffen am höchsten. Der ideale Erntezeitpunkt sind demnach die Mittagsstunden. Forscher untersuchten diesen Rhythmus außerdem bei Eisbergsalat, Spinat, Zucchini, Süßkartoffel, Möhren und Blaubeeren – und auch diese Nutzpflanzen produzieren im festen Tag-Nacht-Rhythmus nicht nur ihre Abwehrstoffe, sondern auch alle anderen wertvollen Inhaltsstoffe. Und das tun sie sogar noch nach der Ernte – aber nur, wenn es für sie weiterhin tagsüber hell und nachts dunkel ist! Das gesündeste Gemüse erhalten Sie daher bei Lagerung im Hellen und nicht im Gemüsefach Ihres Kühlschranks.

Tabakpflanzen: Üblicherweise produzieren Tabakpflanzen, an denen gefressen wird, mehr Nikotin und lagern diese für saugende und fressende Insekten giftige Substanz in Blättern, Blüten und Stängeln ein. Um die Raupen amerikanischer Tabakschwärmer abzuwehren, müssen die Tabakpflanzen anders vorgehen, denn für diese Raupen ist Nikotin kein Gift – im Gegenteil: Sie lagern es in ihren eigenen Körper ein und sind nun ihrerseits für ihre Fressfeinde, etwa Vögel, giftig. Tabakpflanzen erkennen an der arttypischen Speichelzusammensetzung, wer an ihnen frisst. Sind es Tabakschwärmerraupen, so fahren die Blätter die Produktion von nutzlosem Nikotin zurück (damit die Raupen weniger giftig sind) und setzen stattdessen einen Duftstoff frei, der Raubwanzen auf botanische Weise zum großen Fressen einlädt. Gleichzeitig, so Ian Baldwin und Kollegen vom MPI für chemische Ökologie in Jena, öffnen die befallenen Tabakpflanzen die meisten ihrer Blüten nicht mehr bei Nacht, sondern erst am Morgen. Warum? Die nachtaktiven Schwärmer sind die Hauptbestäuber der Tabakblüten. Sie bestäuben jedoch nicht nur die Blüten, sondern legen auch ihre Eier auf die Blätter – damit sind sie die einzigen unter den unzähligen Bestäuberinsekten, die dies tun, denn bei allen anderen sind die Futterpflanzen ihrer Raupen nicht dieselben wie die Nektarpflanzen. Sobald die geschlüpften Schwärmerraupen mit dem Fressen beginnen, stoppen die Tabakpflanzen einen weiteren Befall, indem sie die Nektarbar schließen. Dazu führen sie ein Nachtverbot bei den Öffnungszeiten der Blüten ein und reduzieren gleichzeitig Lockdüfte sowie Zuckergehalt im Nektar. Plötzlich sind die Tabakblüten nicht mehr interessant für die Schwärmer und werden nicht mehr angeflogen. Forscher beobachteten, dass nun tagaktive Kolibris die Blüten besuchen und bestäuben. Diese Möglichkeit entfällt mangels Kolibris bei uns, leider.

Kartoffelpflanzen: Knabbern Raupen oder Larven, etwa die der Kartoffelkäfer, an den Blättern, rufen aus den Blättern verströmte

Lockstoffe räuberische Bodyguards herbei – die Raubwanzen. Diese können sogar aus weiter Entfernung selbst geringe Mengen der pflanzlichen Lockstoffe wahrnehmen und eilen dann rasch herbei.

Sehr viele Pflanzen bieten Nektar nicht nur in ihren Blüten, sondern auch auf Blättern und Trieben an. Sie finden diese extraflorale Nektarien genannte süßen Nektarquellen als unauffällige oder knopfartige Verdickungen etwa bei Kirschbäumen am Übergang von Blattstiel zu Blattfläche, bei Schneeball oder bei Birnbäumen an den Rändern der Laubblätter. Sie locken keine Blütenbestäuber an, sondern räuberische Insekten wie Ameisen oder Wespen, die auch auf Süßes stehen. Ameisen und Wespen bilden für die Pflanzen ein kleines Heer, das Raupen, Blattwespenlarven und andere kleine Pflanzenfresser überfällt.

Pflanzen locken Insekten zum Blümchensex

Das schönste Kapitel der Pflanzensprache ist die Kommunikation mit den bestäubenden Insekten, dabei geht es um Blümchensex. Ohne diese „Gespräche" würde es in unseren Gärten nur Nadelbäume, Farne und Schachtelhalme geben, keine Blumen, keine Gemüse, keine Kräuter, kein Obst und auch keine Schmetterlinge, Bienen oder Vögel. Ohne bestäubende Insekten würden allein bei uns rund 80 Prozent der heimischen Pflanzen und 90 Prozent der Nutzpflanzen nicht existieren – so viele Pflanzen sind auf die Bestäubung der Insekten angewiesen. Diese Zusammenarbeit hat sich in der letzten Periode des Erdmittelalters entwickelt, also ungefähr vor 100 Millionen Jahren während der mittleren Kreidezeit. Seitdem hat die Kommunikation zwischen Pflanzen und Insekten viele Jahrmillionen Zeit gehabt, sich zu perfektionieren.

Die ältesten Blüten der Erde sind Magnolien, sie öffneten sich zum ersten Mal in der mittleren Kreidezeit: Wenn Sie sich diese wunderschönen Blüten mit botanischen Augen anschauen, erkennen Sie ihre Ähnlichkeit mit den Zapfen von Fichten, Kiefern und anderen Nadelgehölzen. Vor den Magnolien gab es auf der Erde nur grüne Pflanzen an Land: Die ersten Landpflanzen waren verschiedene Moose, die vor mindestens 475 Millionen Jahren auf küstennahen Stellen die Festländer besiedelten. Über 100 Millionen Jahre später folgten die Schachtelhalm-, Bärlapp- und Farngewächse, die als allererste Pflanzen aufrechte, gabelig verzweigte Sprosse ohne Blätter besaßen und sich mittels Sporen vermehrten, ganz ohne die Hilfe von Tieren. Interessanterweise gibt es fossile Funde dieser Sporenpflanzen aus der damaligen Zeit, bei denen eindeutig in den wurzelartigen unteren Bereichen eine Mykorrhiza mit Pilzen nachgewiesen ist: Ein Leben der Pflanzen an Land war offenbar von Anfang an auf eine enge Lebensgemeinschaft mit Pilzen angewiesen (siehe auch S. 141).

Während die Moose zeitlebens kleine, bodennahe Pflanzen geblieben sind, bildeten Vertreter der Sporenpflanzen noch im Erdaltertum baumhohe Exemplare aus: Bärlappe wurden zu über 40 Meter hohen Schuppen- und Siegelbäumen, Schachtelhalme zu über 30 Meter hohen Kalamitenbäumen mit einem Meter Stammdurchmesser und Farne zu bis zu 20 Meter hohen Baumfarnen. Diese Bäume bildeten während der Karbonzeit auf sumpfigen Böden riesige, lichte Wälder, auch bei uns im heutigen Saarland und Ruhrgebiet, deren fossile Reste gewaltige Steinkohlelager bildeten. Von diesen urzeitlichen Baumriesen gibt es heute nur noch Baumfarne, die Sie bei uns beispielsweise in botanischen Gärten bestaunen können.

Vor rund 350 Millionen Jahren entwickelten die Pflanzen ein neues Vermehrungsprinzip: Dabei verlassen die weiblichen Sporen nicht mehr die Mutterpflanze, sondern bilden auf ihr in schützenden Hüllen die Samen – das war die Geburtsstunde der Samenpflanzen, zum Beispiel Ginkgo und Nadelbäume. Dieses neue Prinzip war so erfolgreich, dass nach und nach diese sogenannten Nacktsamer die Farne, Schachtelhalme und Bärlappe verdrängten und die ganze Erde eroberten. Über 200 Millionen Jahre lang waren Nadelhölzer die einzigen Pflanzen an Land, über 200 Millionen Jahre lang war das Festland durchweg grün. Hätte es damals Gärtner gegeben, wäre ihr Garten ein immergrüner mit Araukarien, Kopfeiben *(Cephalotaxus)* und Zypressen gewesen. Die Nadelgehölze lieferten im Erdmittelalter wichtige Nahrung für die pflanzenfressenden Saurier, Echsen, Insekten (Heuschrecken, Schaben) und Tausendfüßer, die ihrerseits fleischfressende Tiere wie Theropoden, Flugsaurier, Libellen und Spinnen nährten. Heute gibt es von diesen Nacktsamern (Gymnospermen) rund 300 verschiedene Arten von Palmfarnen, etwa 600 verschiedene Arten von Nadelbäumen (Koniferen), etwa 100 Arten von Gnetales – zu denen beispielsweise der Schweizer Meerträubel *(Ephedra distachya)* und die Welwitschie gehören – sowie eine Art Ginkgo. Diesen Nacktsamern stehen mindestens 240.000 verschiedene Arten von Blütenpflanzen (Bedecktsamer, Angiospermen) gegenüber, die sich während der Kreidezeit vor über 130 Millionen Jahren entwickelt und gegen Ende der Kreidezeit vor über 65 Millionen Jahren die Nadelgehölze verdrängt hatten. Heute stellen sie die weitaus dominierende Pflanzengruppe dar, die alle Lebensräume bis hin zu den lebensfeindlichsten in Hochgebirgs-, Polar- und Wüstenlagen erobert haben. Das wichtigste Merkmal, das die Blütenpflanzen „erfunden" haben, ist das Fruchtblatt (Karpell), das die unbefruchteten Samen umgibt und eine Samenanlage bildet. Dieses Fruchtblatt sichert den Befruchtungsvorgang und schützt den sich im Samen entwickelnden Keimling. Die Blüte war geboren!

Befruchtung und Samenentwicklung fanden nun geschützt im Innern der Blüte statt – doch wie gelangt der Pollen zur Blüte? Bei den Nacktsamern wird durchweg der Pollen (Blütenstaub) vom Wind durch die Luft zu den unscheinbaren weiblichen Blüten transportiert. Auch bei den Blütenpflanzen gibt es ein paar Vertreter wie etwa die Buchengewächse, also beispielsweise die Rot-Buchen und Eichen, die ebenfalls vom Wind bestäubt werden. Aber fast alle Blütenpflanzen setzen bei der Bestäubung auf die Zusammenarbeit mit Tieren. Diese Zusammenarbeit hat schon während der Anfangszeit ihrer Entwicklung in der Kreidezeit begonnen. Dafür gibt es sogar fossile Belege.

In der Kreidezeit gab es eine Gruppe von Nacktsamern, deren Pollen wahrscheinlich von Insekten und nicht vom Wind verbreitet wurden: Das waren die Bennettiteen, die am Ende des Erdmittelalters ausgestorben sind so wie die Dinosaurier. Innerhalb dieser formen- und artenreichen Nacktsamergruppe gab es eine Gattung, die Cycadeoidea, in deren knollenförmigen Stämmen eingesenkte Blüten saßen. Diese haben sich wahrscheinlich nie geöffnet, aber in ihrem Innern wurden feine Fraßspuren gefunden. Paläobotaniker vermuten, dass Käfer oder andere Insekten in die Blüte gekrochen sind, um sich darin zu ernähren und dabei mit Pollen eingestaubt wurden. Beim Besuch der nächsten Blüte luden sie den Pollen ab und bestäubten die Blüte. Noch heute findet man diese Art der Bestäubung bei den in den Tropen vorkommenden Palmfarnen (Cycadeen), einer Gruppe von Nacktsamern – und auch in Ihrem Garten gehören Käfer zu den Blütenbestäubern, etwa die roten oder rot-schwarzen Weichkäfer auf den weißen Schirmdolden von Petersilie, Wilder Möhre und anderen Doldenblütlern oder die hübschen Pinselkäfer auf den Blüten von Rosen, Brombeeren und Doldenblütlern. Einer der hübschesten Blütenbestäuber unter den heimischen Käferarten ist der metallisch rot und grün schillernde Zierliche Prachtkäfer *(Anthaxia nitidula)*, den Sie von April bis August auf den pollenreichen gelben Blüten von Löwenzahn und Hahnenfuß sowie auf denen von Rosen und anderen Wildsträuchern entdecken können.

Käfer bestäubten damals jedoch nicht nur die Cycadeenblüten, sondern auch die der Magnolien – den frühesten Vertretern der

Bedecktsamer, die von Anfang an insektenblütig gewesen sind. Magnolien, man sieht es diesen hübschen Bäumen kaum an, und Käfer sind eine der frühesten Insektenpartnerschaften.

Garten-Tipp: Uralte Magnolien

Heute bezaubern Magnolien durch ihre großen schönen Blüten im Frühjahr. Einmal gepflanzt öffnen sie sich unermüdlich und überreich über viele Jahrzehnte. Magnolien bringen tatsächlich ein wenig den Zauber der Kreidezeit in Ihren Garten, denn seitdem haben sie sich wenig verändert – das weiß man durch Vergleich mit den Fossilfunden. In den Blüten erkennen Sie den zapfenförmigen Stempel, der schraubenartig von den Blütenblättern umgeben ist wie die Koniferenzapfen mit ihren harten Zapfenschuppen. Schauen Sie immer wieder mal in die Blüten hinein – Käfer, die darin herumkrabbeln, bestäuben die Blüte. Für den Garten eignen sich die ostasiatischen Magnolienarten besser als die amerikanischen, da sie kleiner bleiben, frosthärter sind und zudem wunderschön vor dem Blattaustrieb blühen. Magnolien sind – auch wenn sie empfindlich wirken – robuste und pflegeleichte Gehölze. Mit einer Höhe von nur höchstens drei Metern ist die Stern-Magnolie *(Magnolia stellata)* die kleinste der Gattung – bezaubernd sind die unzähligen weißen Blüten, die wie Sterne den ganzen Strauch umgeben. Sie eignet sich auch für die Kultur im großen Kübel. Weitere hübsche Arten für den Garten sind die Kobushi-Magnolie *(Magnolia kobus)* und die Lilienblütige Magnolie *(Magnolia liliiflora)* sowie Hybriden wie die Tulpen-Magnolie *(Magnolia × soulangeana).*

Pflanzen kommunizieren mit Käfern

Nicht nur die Magnolien wurden in der Frühzeit der Blütenpflanzen von Käfern besucht und bestäubt, sondern auch viele weitere Blütenpflanzen, die sich während der Kreidezeit entwickelten.

Einige dieser ursprünglichen Bedecktsamer gibt es noch heute, die meisten wie etwa Ylang-Ylang, Stern-Anis, Avocado, Zimt- und Muskatnussbaum kommen in tropischen und subtropischen Gebieten vor, aber einige vielleicht auch in Ihrem Garten: Lorbeer etwa zählt ebenso zu diesen uralten Blütenpflanzen wie die Seerose. Sie alle wurden ursprünglich von Käfern bestäubt, die die Bestäubungsarbeit ohne besondere Anpassungen – wie sie im Lauf des beginnenden Erdneuzeitalters vor über 60 Millionen Jahren die Bienen und Schmetterlinge erwerben sollten – leisteten und immer noch leisten.

Käfer sind weltweit mit weit über den 350.000 bereits beschriebenen Arten nicht nur die erfolgreichste Insektengruppe, sondern auch die größte Tiergruppe; bei uns gibt es über 8.000 verschiedene Arten. Käfer haben fast alle Lebensräume auf dem Festland erobert, tatsächlich gibt es so gut wie keinen Lebensraum, den sie nicht bewohnen. Diesen Erfolg verdanken die Käfer ihren Vorderflügeln, die nicht zart und weichhäutig sind wie bei den anderen Insektengruppen, sondern hart und fest. Dadurch können sie perfekt die weichhäutigen Hinterflügel schützen, egal ob unter der Erde oder zwischen dem Laub, egal ob unter der Rinde oder unter Wasser. Käfer sind eine der ältesten Insektengruppen, denn fossile Funde belegen, dass sie schon am Ende des Erdaltertums vor über 265 Millionen Jahren existierten.

Käferblumen, die auch cantharophile Pflanzen genannt werden, erkennen Sie leicht: Die Blüten sind sehr robust, da Käfer mit ihren beißenden Mundwerkzeugen eher grobschlächtig beim Blütenbesuch vorgehen und hier und da in die Blütenteile kräftig hineinbeißen. Oft besitzen die Blüten auch Futtergewebe an der Basis der inneren Kronblätter, von dem sich die Käfer ernähren. Käferblumen sind zudem meist napf- oder scheibenförmig, duften stark und bilden viel Pollen, der zudem leicht zugänglich ist. In Brasilien beobachteten Forscher die Kommunikation von Blüten mit Käfern: So werden die Pollen von *Annona*-Blüten genau in den Nächten reif, in denen eine ganz bestimmte, lichtscheue, maikäfergroße Blatthornkäferart *(Cyclocephala atricapilla)* fliegt. Nur in diesen wenigen Nächten heizt sich das Innere der etwa fünf Zentimeter großen, geschlossenen Blüten auf 34 °C auf, worauf ein scharfer Duft aus den Blüten strömt und die Käfer anlockt. Die Käfer zwängen sich zu mehreren in die warme Blütenmitte. Dort, in dem geschützten Blüteninnenraum, paaren sie sich und halten sich eine ganze Weile auf, denn erst durch die Anwesenheit der Käfer reifen die Pollen heran. Wenn dann die Käfer mit Pollen bedeckt sind, setzt die Blüte die Käfer an die frische Luft – das geschieht einfach, indem sie die Blütenblätter abwirft. Exakt zeitlich versetzt reifen in anderen Blüten die weiblichen Narben heran, die die Käfer nun auf dieselbe Weise anlocken und dabei bestäubt werden. Diese Kommunikation zwischen Blüten und Käfern findet noch bei vielen anderen Arten statt: Die herabhängenden *Guatteria*-Blüten aus Kuba etwa locken bestäubende Glanzkäfer mit dem Duft überreifer Bananen an.

Garten-Tipp: Nützliche Käfer

Käfer sind nicht nur wichtige Bestäuber in Ihrem Garten, sondern unter ihnen gibt es auch zahlreiche Arten, die Sie beim Pflanzenschutz unterstützen. Diese Käfer sind wichtige Verbündete, die Sie unbedingt fördern sollten:

- **Laufkäfer:** Diese recht großen, meist dunklen oder metallisch schillernden Käfer jagen meist während der Nacht am Boden in schnellem

Lauf Schnecken und verschiedene Bodeninsekten, sie fressen auch Schneckeneier – dabei verzehren sie täglich bis zum Dreifachen ihres Körpergewichts. Tagsüber ruhen sie gern in altem Holz oder unter Steinen. Verzichten Sie strikt auf den Einsatz von Insektiziden, auf die die Laufkäfer sehr empfindlich reagieren.

- **Schwarzer Moderkäfer:** Dieser bis zu drei Zentimeter lange Nacktschneckenjäger sieht wegen seiner kurzen Flügeldecken, die den gegliederten Hinterleib sichtbar machen, nicht wie ein Käfer aus. Auch er ruht gern unter Steinen, Holzbrettern, zwischen dem Laub am Boden und in totem Holz.
- **Marienkäfer:** Während der Siebenpunkt-Marienkäfer und seine Larven ähnlich wie die meisten der rund 80 heimischen Marienkäferarten wichtige Vertilger von Blatt- und Schildläusen sind, gibt es in dieser Käfergruppe auch ein paar Spezialisten: Zweipunkt-Marienkäfer ernähren sich unter anderem von Erd- und Blattflöhen (Blattkäfer), 16-fleckige Pilz-Marienkäfer und Zweiundzwanzigpunkt-Marienkäfer vertilgen Mehltaupilze.

Evolution der Bestäuber

Als sich die ersten Magnolien vor über 130 Millionen Jahren öffneten und den Transport von Blüte zu Blüte in die „Hand" der Käfer übergaben, existierten schon frühe Vertreter von allen blütenbesuchenden Insektengruppen – nicht nur von Käfern, sondern auch von Zweiflüglern (Diptera: Fliegen und Mücken), Hautflügler (Hymenoptera: Bienen, Wespen, Ameisen) und Schmetterlingen (Lepidoptera: Tag- und Nachtfalter). Diese frühen Vertreter mussten von den Pflanzen nur noch dazu gebracht werden, ebenfalls in ihren Dienst zu treten – und genau das machten die frühen Blütenpflanzen. Nur dadurch konnten sie sich zu der heutigen Fülle und Vielfalt von Laub- und Obstbäumen, Zier- und Beerensträuchern, Stauden, Zwiebel- und Knollenblumen, ein- und zweijährigen Sommerblumen, Kräutern, Kakteen, Orchideen und noch mehr entfalten. Auf der tierischen Seite gibt es viele der heutigen Insekten – Bienen,

Hummeln, Schmetterlinge und andere – nur wegen dieser gemeinsamen Evolution mit den Pflanzen. Ihr verdanken wir, dass der sommerliche Garten mit Summen und Brummen erfüllt ist, dass wir uns an Tagfaltern mit ihren buntbeschuppten Flügeln und ihrem gaukelnden Flug erfreuen und wir Honig auf unser Butterbrot streichen können. Ohne die jahrmillionenlange Kommunikation zwischen Blütenpflanzen und bestäubenden Insekten gäbe es keine Äpfel, keine Birnen, keine Kirschen, keinen Wein und keinen Kaffee, keine Mandeln und keine Schokolade, keine Baumwolle.

»Ohne Blütenpflanzen, ohne Insekten wäre menschliches Leben auf der Erde nicht möglich.«

Pflanzen verständigen sich mit Fliegen

Umgangssprachlich werden Vertreter der Zweiflügler (Dipteren) „Fliegen“ genannt, doch auch die Mücken gehören in diese große Insektengruppe.

Die frühesten fossilen Dipterenfunde sind etwa 200 Millionen Jahre alt, heute gibt es weltweit über 160.000 Arten, bei uns immerhin über 9.200 Arten – also etwa 16-mal so viele wie heimische Wildbienen. Alle Zweiflügler besitzen ein gemeinsames Merkmal: Die Hinterflügel sind zu kleinen Schwingkölbchen umgewandelt, den sogenannten Halteren. Damit besitzen alle Fliegen und Mücken nur zwei Flügel. Zweiflügler nehmen mit ihren kurzen bis mittellangen Mundwerkzeugen flüssige Nahrung wie Nektar zu sich, auch Pollen saugen sie auf. Sie besuchen Blüten, bei denen der Nektar wie etwa bei den Blüten vom Efeu *(Hedera helix)* leicht zugänglich ist. Typische Fliegenblumen sind gelb, weiß, rosa oder grün, sie duften häufig süßlich, manche auch leicht nach Urin. Wenn Sie sich in Ihrem Garten umschauen, wachsen dort sicherlich reichlich „einfach“ gebaute Scheibenblumen, die Nektar und Pollen recht offen anbieten. Dazu gehören die weißen Doldenblüten von Schwarzem Holunder, Schafgarbe oder Kerbel ebenso wie die unzähligen Korbblütler und Hahnenfußarten *(Ranunculus)*. Bei manchen Fliegenblüten, wie etwa bei dem in heimischen Mooren wachsenden, im Hochsommer blühenden Sumpf-Herzblatt *(Parnassia palustris)*, sitzen auf den Staub- und Nektarblättern zusätzlich kleine gelbe Kügelchen, die feucht wie Nektar zu glänzen scheinen (obwohl sie trocken sind) – auch sie dienen der Anlockung von Fliegen, die sich – vermutlich schon seit vielen Hunderttausend Jahren – davon täuschen lassen und bei ihrem intensiven Krabbeln auf der Blüte diese bestens bestäuben, ohne zusätzlichen Nektar zu finden.

Um gezielt Fliegen anzulocken, bilden manche Blüten auch nektarhaltige, schlauch-, trichter-, tüten- oder spornförmige Nektarblätter aus – auch diese können Sie bei vielen Blumen in Ihrem Garten entdecken: bei Nieswurz *(Helleborus)* ebenso wie bei den Blüten von Akelei *(Aquilegia)* und Hahnenfuß *(Ranunculus)*.

Innerhalb der Zweiflügler sind die Schwebfliegen die wichtigsten Bestäuber von Blüten. Viele Schwebfliegen besitzen wespen- oder bienenähnliche Körper. Wie ihr Name ausdrückt, können sie in der Luft schweben und auf einer Stelle „stehenbleiben". Mit ihren bis zu acht Millimeter langen Rüsseln können sie nicht nur Scheibenblüten besuchen, sondern auch solche mit kleineren Röhren – etwa die Blüten von Taubnessel *(Lamium)*, Beinwell *(Symphytum)* oder Lungenkraut *(Pulmonaria)*. Anders als die übrigen Vertreter der Zweiflügler besuchen Schwebfliegen regelmäßig Blüten, da sie sich fast gänzlich von Nektar und Pollen ernähren. Bei ihrer Suche nach Nektar- und Pollennahrung fliegen sie zielgerichtet nacheinander Blüten derselben Art an, wodurch sie diese verlässlich wie Bienen bestäuben.

Garten-Tipp: Schweb- und Blumenfliegen

Schwebfliegen sind häufige Gäste im Garten. Viele der über 400 heimischen Arten sind wespenähnlich gelb-schwarz gefärbt. Diese auffällige Wespenfärbung (Mimikry) dient dem Schutz vor Vögeln und anderen Fressfeinden. Haben diese einmal als Jungtier bei der Jagd auf eine Wespe schlechte Erfahrungen gemacht und wurden gestochen, meiden sie in ihrem restlichen Leben alle gelb-schwarzen Tiere, selbst wenn diese so harmlos sind wie Schwebfliegen.

Trotz der Färbung können Sie eine Schwebfliege leicht von einer Wespe unterscheiden, nicht nur an der typischen Flugweise mit „In-der-Luft-stehen"-Passagen. Schwebfliegen besitzen den typischen breiten Fliegenkopf mit zwei großen Facettenaugen, die fast den ganzen Kopf einnehmen, und zwei kurzen Fühlern. Außerdem fehlt Schwebfliegen die Wespentaille, sie besitzen nur zwei Flügel und können nicht stechen.

Interessanterweise lassen sich Wespen nicht von der Warnfarbe der Schwebfliege beeindrucken, obwohl sie gut Farben sehen können: Bei der Jagd nach Insektenkost für ihre Larven erbeuten sie ohne zu zögern auch Schwebfliegen.

Die Larven vieler Schwebfliegen erinnern ein bisschen an Vogelschiss. Sie sind wichtige Blattlausjäger, die sich während ihrer Larvenzeit von täglich bis zu 150 Blattläusen auf Blumen und Kräutern ernähren. Es gibt sogar Schwebfliegenlarven, die im Boden leben und Wurzelläuse fressen. Einige Schwebfliegenlarven ernähren sich auch von toten Insekten oder organischen Abfallstoffen in Mist, Jauche und schlammigem Wasser.

Zwischen der heimischen Trollblume *(Trollius europaeus)* und kleinen Blumenfliegen *(Chiastochaeta)* gibt es eine symbiontische Wechselbeziehung: Die Blüten der Trollblume öffnen sich nicht ganz, da ihre Kronblätter eine Kuppel bilden, zwischen denen es nur kleine Durchlässe gibt. Im Innern bietet die Blüte zudem ein echtes Brutsubstrat aus Nektarblättern an. Mit ihrem feinen Duft und der gelben Farbe lockt die Blüte kleine Blumenfliegen an. Mehrere Fliegen dringen in die Blüte ein, paaren sich dort und das Weibchen legt schließlich ein Ei in das Brutsubstrat. Während dieses Treibens wird die Blüte von dem Pollen bestäubt, den die Fliegen mitgebracht haben. Die Larve entwickelt sich in der Blüte und ernährt sich dabei von einem Teil der heranwachsenden Samenanlagen – von denen lässt sie aber genügend übrig, damit die Pflanze Samen bilden und sich vermehren kann. Botaniker fanden bis zu sechs Larven verschiedener Blumenfliegenarten in einer einzigen Blüte, was die Blüte verkraften kann. Dieses komplexe Zusammenspiel zwischen Trollblumen und Blumenfliegen hat sich über einen langen Zeitraum mit intensiver Kommunikation entwickelt. Um diese zu beobachten, können Sie eine Trollblume am Teichufer, Bachlauf oder in einem feuchten Staudenbeet mit feuchtem, kühlem Boden kultivieren. Sie ist winterhart, denn sie zieht wie die meisten Stauden in der kalten Jahreszeit ein. Zwischen Mai und Juli erscheinen die großen Blüten, auf denen die kleinen Blumenfliegen gern lange Zeit sitzen. Bis Ende September hat sich aus jeder Blüte eine Sammelbalgfrucht mit schwarzen Samen gebildet.

Der hummelähnliche Wollschweber *(Bombylius)* mit braunem Pelz ist ebenfalls eine Fliege, er wird auch Hummel- oder Trauerschweber genannt. Sein bis zu elf Millimeter langer Rüssel ragt gerade nach vorne, daher meinen manche Menschen, er könne stechen. Tut der Wollschweber aber nicht. Der Wollschweber gehört zu den blütenbestäubenden Fliegen, auf die er spezialisiert ist. Mit seinem langen Rüssel gelangt er selbst an den Nektar in kurzen Röhrenblüten, wie etwa denen vom Wiesen-Schaumkraut *(Cardamine pratensis)* oder Silberblatt *(Lunaria)*. Beim Nektarsaugen steht der Wollschweber auch gern fliegend in der Luft, manchmal stützt er sich dabei leicht mit den Vorderbeinen auf den Blütenblättern ab.

Besondere Fliegenblumen: Aasblumen

Für viele Fliegenarten ist der für unsere Nasen eklige Geruch von Kot und Aas sehr anlockend – das hängt damit zusammen, dass die Larven vieler Fliegen in Aas, Kot und Pilzen heranwachsen und darin die ökologisch wichtige Aufgabe der Zersetzung dieser organischen Substanzen und Rückführung der darin enthaltenen Nährelemente in den Kreislauf der Natur leisten. Von dieser Attraktivität solcher abstoßenden Düfte für Fliegen „wissen“ manche Blumen, vor allem unter den Osterluzei-, Schwalbenwurz- und Aronstabgewächsen sowie den Orchideen, und sie imitieren gezielt diese Gerüche, um Fliegen als Bestäuber anzulocken. Diese besonderen Fliegenblumen ahmen aber nicht nur die Gerüche nach, sondern Aas, Kot und Pilze in Form und Aussehen ihrer Blüten – sie verstehen genau die Sprache der Fliegen und bieten ihnen das an, worauf die Fliegen abfahren: fleischfarbene, schmutziggelbe oder grünweiße Blüten mit gestreiftem oder gepanzertem Muster, dazu haarige Fortsätze oder fellähnliche Strukturen, stark verlängerte „kotähnliche" Anhänge, glänzende oder warzige Oberflächen. Pilzmückenblumen wie etwa die der mittelamerikanischen Baumartigen Pfeifenblume *(Aristolochia arborea)* ahmen mit ihren wabigen, lamellenähnlichen oder hutförmigen Strukturen, einer erhöhten Feuchtigkeit und typischem Duft die Fruchtkörper von Pilzen nach – wenn die Pilzmücken dann in der Blüte nach einem geeigneten Platz für die Eiablage suchen, bestäuben sie diese.

Manche Blüten sind auch wie Fallen angelegt – das bekannteste Beispiel einer Kesselfallenblüte wächst vielleicht sogar in Ihrem Garten: der heimische Gefleckte Aronstab *(Arum maculatum)*. Sein Blütenstand besteht aus einem braunen Kolben, der von einem großen, tütenförmigen Hochblatt umgeben ist. In den Abendstunden im April und Mai erwärmt sich der Kolben wie ein Heizofen um mehr als 10 °C über der Lufttemperatur – diese Wärme spüren Sie deutlich, wenn Sie den Kolben mit Ihrer Hand umschließen. Dazu verströmt er einen unangenehmen Kotgeruch, der auf kleine Schmetterlingsmücken *(Psychoda)* unwiderstehlich wirkt. Sie fliegen in Scharen herbei, weil sie mit dem Duft und der Kolbenform einen Kothaufen als Brutplatz für ihre Larven verbinden. Sobald sie auf dem Hochblatt landen, rutschen sie unaufhaltbar auf dessen spiegelglatter Oberfläche nach unten in die kesselförmige Falle am unteren Ende des Blütenstands. Aus dieser Falle können sie nicht entkommen, da die Innenwände ebenfalls spiegelglatt sind und viele Borsten den einzigen Eingang versperren. Die Schmetterlingsmücken sind gefangen. Erst wenn die in der Falle herumfliegenden Mücken die weiblichen Blüten mit dem mitgebrachten Pollen bestäubt haben, hört die Blüte auf zu heizen. Dadurch verziehen sich die Mücken innerhalb der Falle gern zum oberen Ende, wo es am längsten warm ist – genau dort befinden sich die männlichen Staubgefäße, bei denen nun die Pollen heranreifen. Und so werden die

Mücken kräftig mit Pollen eingestaubt. Ist das geschehen und die Pollenfracht verteilt, beginnen die starren Reusenhaare zu welken, die bis dahin den Eingang verschlossen haben. So wird der Eingang frei und die Schmetterlingsmücken können entkommen. Das Ganze dauert rund 24 Stunden – und da sich nun, dank Pflanzensprache bestens miteinander abgestimmt, der Kolben der Nachbarblüte erwärmt, begeben sich die Schmetterlingsmücken, kaum befreit, für die nächsten 24 Stunden wieder in eine Falle. Gedanken an Monopoly tauchen bei so viel Pflanzenraffinesse auf: Gehen Sie nicht über Los, ziehen Sie nicht 4.000 Euro ein …

Obwohl die Fliegen und Mücken im Vergleich zu den Schmetterlingen und Hautflüglern viel weniger als Blütenbestäuber spezialisiert sind, gibt es ein riesiges Feld der Kommunikation zwischen dieser Insektengruppe und den Pflanzen: Fliegen sind die Tiergruppe, die am meisten von Pflanzen durch Täusch- und Fallenblumen im Dienst der Bestäubung getäuscht werden. Ob Fliegen wohl besonders einfältig sind …? Unzählige spannende blütenökologische Forschungsergebnisse sind hier noch zu erwarten!

Pflanzen im Austausch mit Schmetterlingen

Nach den Käfern sind die Schmetterlinge die artenreichste Insektenfamilie. Sie werden in Tag- und Nachtfalter eingeteilt.

Die überwiegende Mehrheit der Schmetterlinge sind sogenannte Nachtfalter: Bei uns stehen rund 180 Arten von Tagfaltern über 3.500 Nachtfalterarten gegenüber.

Alle Schmetterlinge besitzen zwei meist großflächige Paare Hinter- und Vorderflügel, die mit unzähligen Schuppen besetzt sind. Dabei bedecken die Schuppen wie Dachziegel die Flügel, vor allem bei den Tagfaltern sind sie oft schillernd bunt gefärbt, bei manchen verströmen sie auch einen arttypischen Duft, mit dem sich die Geschlechtspartner finden. Am Kopf tragen Schmetterlinge einen langen, röhrenförmigen Saugrüssel, den sie spiralig einrollen können. Über diesen Rüssel können Schmetterlinge nur flüssige Nahrung zu sich nehmen – Nektar, Fruchtsäfte, aber auch Wassertröpfchen aus mineralienreicher Erde und Salze. Entdeckt der Schmetterling eine nektarreiche Blüte, so setzt er sich auf die Blütenkrone, entrollt seinen Saugrüssel und sucht mit seiner Rüsselspitze den Eingang in die Blüte. Weil der Saugrüssel so fein ist, passt er selbst durch engste Blütenöffnungen, und weil er so lang ist, kann er tief am Blütengrund den Nektar aufsaugen. So tief in eine Blüte hinein gelangt kein anderes Insekt. Taubenschwänzchen und ein paar andere Schwärmerarten müssen gar nicht auf der Blüte landen – sie können im Schwirrflug in der Luft stehen bleiben und so Nektar saugen.

Bei manchen Schmetterlingen, vor allem unter den Nachtfaltern, ist der Rüssel auch zurückgebildet und die Falter nehmen keine Nahrung mehr zu sich.

Garten-Tipp: Kolibris bei uns

Jedes Jahr im Sommer gibt es zahlreiche Meldungen von Kolibris, die in der Luft stehend an den Blüten von Fuchsien oder Petunien im Balkonkasten oder an denen von Buddleja und Phlox im Garten Nektar tanken. Die vermeintlichen Kolibris sind Taubenschwänzchen, recht kräftig gebaute Nachtfalter mit bräunlichen Flügeln, die eine Spannweite von bis zu fünf Zentimeter erreichen. Taubenschwänzchen sind Wanderfalter, die im Sommer über die Alpen zu uns fliegen. Aufgrund der Klimaerwärmung gelingt es immer mehr von ihnen bei uns zu überwintern.

Die Schmetterlinge traten zusammen mit den Blütenpflanzen auf die Bühne des Lebens und sie entwickelten sich gemeinsam, ohne Blütenpflanzen gäbe es keine Schmetterlinge. Die ältesten, fossil bekannten Schmetterlinge tauchen vor etwa 135 Millionen Jahren in der Kreidezeit auf. Tagfalter erst viel später – sie gibt es erst seit höchstens 70 Millionen Jahren. Im Lauf dieser millionenlangen gemeinsamen Evolution haben sich die Blüten und die Schmetterlinge in ihrer Form sowie ihrer zeitlichen Präsenz und Entwicklungsformen aneinander angepasst. Das klingt einfach, bedarf aber einer genauen Abstimmung, damit sowohl die tierischen als auch die pflanzlichen Bedürfnisse bei diesem Zusammenleben erfüllt werden. Schließlich brauchen Schmetterlinge ja nicht nur die nektarreichen Blüten, von denen sie sich ernähren und die sie bestäuben, sondern zeitlich versetzt auch die passenden Futterpflanzen für die Raupen sowie die passenden Bedingungen, damit die Puppen genügend Zeit und Raum für ihre Puppenruhe haben (die alles andere als eine Ruhephase ist, denn während dieser Zeitspanne wird der Körper der Raupe komplett aufgelöst und zum Körper des fertigen Schmetterlings umgebaut). Das folgende Beispiel zeigt Ihnen, wie komplex das Zusammenspiel von Schmetterlingen und Pflanzen ist – um das zu bewältigen braucht es viel Abstimmung untereinander durch Kommunikation.

Wie Pflanzen und Schmetterlinge zusammenspielen

Ein Beispiel dafür ist der Kaisermantel *(Argynnis paphia)*, mit einer Flügelspannweite von 55 bis 65 Millimeter der größte heimische Perlmuttfalter, eine Gruppe von Tagfaltern. Er fliegt jährlich in einer Generation von Mitte Juni bis Mitte September. Er kommt an blütenreichen Waldrändern und am Rand von Waldwegen vor, besonders gern auf etwas feuchten Waldlichtungen und Waldwiesen. In blütenreichen waldnahen und am Dorfrand gelegene Gärten können Sie ihn mit üppig blühendem Wasserdost *(Eupatorium)* am sumpfigen Ufer eines Gartenteichs locken. Der leuchtend orangebraune Schmetterling mit schwarz-braunem Streifen- und Punktfleckenmuster besucht gern die Blüten von Brombeeren, Skabiosen, Disteln und Wald-Engelwurz. Dort können Sie auch die interessanten Balzflüge eines Kaisermantelpaares beobachten, bei denen die beiden Partner vor der Paarung umeinander fliegen und sich mit Lockstoffen aus den Duftschuppen der Flügel gegenseitig stimulieren. Nach der Paarung sucht das Weibchen nach den Futterpflanzen der Raupen – das sind die Blätter von Duft-Veilchen *(Viola odorata)*, Rauem Veilchen *(Viola hirta)* und anderen häufigen Veilchenarten, die im August aber nicht mehr sichtbar, sondern schon eingezogen sind. Diese schwierige Aufgabe meistert das Kaisermantelweibchen. Hat es solche Veilchenbestände gefunden, kann es die Eier nicht auf die Blätter der Veilchen legen – die sind ja nicht mehr da. Darum heftet der Schmetterling seine Eier in die Ritzen der Rinde von Kiefern und Fichten, die in der Nähe der Veilchen wachsen. Dazu umkreist es den unteren Stammbereich in spiraligem Flug und setzt in größeren Abständen seine Eier einzeln auf die Rinde. Noch im Spätsommer schlüpfen aus den winzigen Eiern die winzigen Raupen, die einzeln den Baumstamm hinabkriechen und sich im Boden ein geschütztes Versteck für den Winter suchen. Da die Veilchenblätter im Spätsommer ja nicht mehr da sind, fressen die Raupen kein bisschen vor der Winterruhe. Im März oder April, je nach Wetter, verlassen die Raupen ihr Winterversteck und beginnen an den nun sprießenden Veilchenblättern zu fressen. Die Raupen fressen nur nachts, tagsüber verstecken sie sich unter den Blättern. Nach mehreren Häutungen haben die Raupen ihre endgültige Große erreicht und wandern auf bodennahe Zweige benachbarter Büsche und Sträucher. Dort verpuppen sie sich und schließen ihre Entwicklung zu fertigen Schmetterlingen ab, die ab Mitte Juni aus ihrer Puppenhülle schlüpfen und fliegen.

Die 20 häufigsten Schmetterlinge im Garten

Schmetterling	Flugzeit	Raupenfutterpflanze	Überwinterung
Tagfalter			
Admiral	Juni bis Juli, September bis Anfang Oktober	Große Brennnessel	Wanderfalter, der jedes Jahr über die Alpen zu uns fliegt; zukünftig vermehrte Überwinterung bei uns
Aurorafalter	Mitte März bis Ende Juni	Wiesen-Schaumkraut, Knoblauchsrauke, Acker-Senf, Acker-Schmalwand	als Puppe an Stängeln
Brauner Waldvogel	Mitte Juni bis Ende August	verschiedene Wiesengräser	als junge Raupe am Boden zwischen Gräsern und Wiesenblumen
C-Falter	Mitte Juni bis Mitte August, ab Mitte August	Große Brennnessel, Sal-Weide	als Falter an geschützten Plätzen
Distelfalter	Ende Mai bis Juli, Juli bis August	Kratzdistel, Kohldistel und andere Distelarten, auch Große Brennnessel und Malven	Wanderfalter, der jedes Jahr über die Alpen zu uns fliegt

Schmetterling	Flugzeit	Raupenfutterpflanze	Überwinterung
Großes Ochsenauge	Ende Juni bis Ende August	verschiedene Wiesengräser	als halberwachsene Raupe am Boden zwischen Gräsern und Wiesenblumen
Hauhechel-Bläuling	Mai bis Oktober	nur Schmetterlingsblütler wie Hornklee, Dornige Hauhechel, Esparsette, Saat-Luzerne, Weiß-Klee	als Raupe zwischen Pflanzen
Kleiner Fuchs	März bis April, Juni bis Juli, August bis Mitte Oktober	Große Brennnessel	als Falter an geschützten Plätzen
Kleiner Kohlweißling	Mitte April bis Anfang Oktober	Kreuzblütler wie Knoblauchsrauke, Ackersenf und Raps, Kohl, Kapuzinerkresse	als Puppe etwa 1–3 m oberhalb des Bodens an Rinde, Zäunen, Mauern
Landkärtchen	April bis Anfang Juni, Juli bis August	Große Brennnessel	als Puppe zwischen Pflanzen
Schwalbenschwanz	Mitte April bis Juni, Anfang Juli bis September	Petersilie, Bibernelle, Pastinake, Wilde Möhre und andere Doldenblütler, Weinraute	als Puppe an Pflanzenstängel befestigt
Tagpfauenauge	März bis April, Juni bis Juli, ab September	Große Brennnessel	als Falter an geschützten Plätzen
Zitronenfalter	März bis Mai, Juli bis August	Faulbaum, Kreuzdorn	als Falter an geschützten Plätzen
Nachtfalter			
Blutströpfchen, Sechsfleck-Widderchen	Mitte Mai bis Anfang September	Hornklee, Bunte Kronwicke	als Raupe zwischen Pflanzen

Schmetterling	Flugzeit	Raupenfutterpflanze	Überwinterung
Brauner Bär	Mitte Juni bis September	Sal-Weide, Himbeere, Große Brennnessel, Mädesüß	als Raupe zwischen Pflanzen
Gammaeule	März bis Ende November	Luzerne, Wiesen-Salbei, Große Brennnessel, Löwenzahn, Wilde Möhre, Rot-Klee, Kohlgewächse, Kopfsalat	als Raupe im Gespinst zwischen Blättern
Hausmutter	Mai bis Oktober	Sal-Weide, Brombeere, Große Brennnessel, Löwenzahn	als Puppe in einer Erdhöhle
Mittlerer Weinschwärmer	Mitte Juni bis Anfang Oktober	Drüsiges Springkraut, Weidenröschen, Blut-Weiderich, Nachtkerze, auch Fuchsie	als Puppe im Gespinst am Boden
Rotes Ordensband	Mitte Juni bis Mitte Oktober	Korb-Weide, Zitter-Pappel	als Ei an Baumrinde und Zweige der Futterpflanze
Taubenschwänzchen	Juni bis September	Labkraut	als Puppe im Gespinst am Boden

Falterblumen für Ihren Garten

Tagfalter können gut Farben sehen, auch UV-Farben – und weil sie kräftige Gelb-, Blau- und Rottöne lieben, zeigen Schmetterlingsblumen diese Farben. Für unser Auge unsichtbar besitzen viele Blüten Farbmale aus UV-Farben, die die Tagfalter zu der engen Blütenöffnung leiten. Schmetterlinge sind Leichtgewichte, daher können die scheiben- oder röhrenförmigen Blüten ruhig filigran gebaut sein. Sie müssen aber über einen guten, etwas größeren Landeplatz verfügen – das können ausgebreitete Zipfel der Blütenblätter sein oder eine herausstehende Fahne. Ob eine Blüte duftet oder nicht, ist vor allen Dingen den Tagfaltern egal – anders bei den Nachtfaltern: Duft hat für sie in der Kommunikation mit dem Geschlechtspartner eine Bedeutung und hilft ihnen, bei Dunkelheit die Blüten zu finden.

Nachtfalter haben eine fast doppelt so lang andauernde Beziehung mit Blüten und so verwundert es nicht, dass es unter den Blütenpflanzen etliche Familien gibt, die unabhängig voneinander Blüten hervorgebracht haben, die ausschließlich von Nachtfaltern bestäubt werden. Ein Beispiel dafür ist die enge Bindung zwischen Yucca-Pflanzen und Yucca-Motten wie etwa die bräunliche Art *Tegeticula yuccasella* (Flügelspannweite 18–27 Millimeter) auf dem nordamerikanischen Kontinent. Die Yucca-Motten suchen die Blüten der Yucca-Pflanze nicht nur zum Nektarsaugen auf, sondern bringen bei jedem Blütenbesuch den Pollen gezielt mit ihren Mundwerkzeugen und Vorderbeinen auf die klebrigen Blütennarben auf. Nur so können die Yucca-Blüten Samen bilden. Vor ihrer intensiven Bestäubungsarbeit legt das Yucca-Mottenweibchen ein einziges Ei ins Innere der Blüte. Die schlüpfende Raupe ernährt sich nur von einer der sechs Samenanlagen, sodass sich aus den restlichen fünf Samen zur Vermehrung und Verbreitung der Yucca-Pflanze entwickeln. Damit gehört die Yucca-Motte zu den seltenen Falterarten, die ein persönliches Interesse am Erhalt der Yucca-Pflanzen haben.

Nachtfalterblüten erkennen Sie daran, dass sich die Blüten erst in der Abenddämmerung öffnen. Tagsüber duftlos und geschlossen, verströmen die Blüten abends und nachts einen angenehm bis schweren süßlichen Duft und sind von heller Farbe und auffälliger Form, sodass sie auch bei Dunkelheit gut von den Nachtfalteraugen und -nasen erkannt werden. Nachtkerzen *(Oenothera)* sind die bekanntesten dieser Mondscheindufter, doch auch Geißblatt *(Lonicera)*, Mondviole *(Hesperis matronalis)* und Garten-Levkoje *(Matthiola incana)* gehören dazu.

Blühkalender schöner Schmetterlingsblumen

Blütezeit	Pflanze
Ab März	Primel *(Primula)*, Steinkraut *(Alyssum)*
Ab April	Rote Lichtnelke *(Silene dioica)*, Rote Spornblume *(Centranthus ruber)*, Wiesen-Schaumkraut *(Cardamine pratensis)*
Ab Mai	Blut-Weiderich *(Lythrum salicaria)*, Bunte Kronwicke *(Securigera varia)*, Echte Hundszunge *(Cynoglossum officinale)*, Gewöhnliche Nachtviole *(Hesperis matronalis)*, Gewöhnlicher Hornklee *(Lotus corniculatus)*, Gewöhnlicher Wundklee *(Anthyllis vulneraria)*, Kuckucks-Lichtnelke *(Silene flos-cuculi)*, Margerite *(Leucanthemum vulgare)*, Salbei *(Salvia officinalis)*, Schnittlauch *(Allium schoenoprasum)*, Thymian *(Thymus)*
Ab Juni	Alant *(Inula)*, Baldrian *(Valeriana)*, Bienen-Kugeldistel *(Echinops sphaerocephalus)*, Flockenblumen *(Centaurea)*, Gewöhnliche Zaunwinde *(Calystegia sepium)*, Große Sterndolde *(Astrantia major)*, Kartäuser-Nelke *(Dianthus carthusianorum)*, Kornrade *(Agrostemma githago)*, Lavendel *(Lavandula)*, Nachtkerzen *(Oenothera)*, Ochsenauge *(Buphthalmum salicifolium)*, Phlox *(Phox paniculata)*, Tauben-Skabiose *(Scabiosa columbaria)*, Vogel-Wicke *(Vicia cracca)*, Weiße Lichtnelke *(Silene latifolia)*, Wiesen-Witwenblume *(Knautia)*
Ab Juli	Disteln, Duftnessel *(Agastache)*, Minze *(Mentha)*, Echter Dost *(Origanum vulgare)*, Fetthenne *(Sedum telephium)*, Seifenkraut *(Saponaria officinalis)*, Wasserdost *(Eupatorium cannabinum)*, Wilde Karde *(Dipsacus fullonum)*, Ysop *(Hyssopus)*
Ab August	Astern *(Aster)*, Besenheide/Heidekraut *(Calluna vulgaris)*

Schmetterlingsfreundlich gärtnern

Schmetterlinge saugen Nektar an vielen verschiedenen Blüten, bezüglich des Nektars sind sie nicht besonders wählerisch. Am liebsten mögen sie den Nektar von Disteln, den Champagner unter den Blütennektaren. Dennoch sind Schmetterlinge in den letzten Jahren rar geworden – das liegt weniger an den fehlenden Nektarpflanzen, sondern vielmehr an den fehlenden Futterpflanzen für die Raupen. Schmetterlinge legen ihre Eier stets in Paketen auf den Pflanzen ab, von denen sich die Raupen ernähren. Die meisten Raupen sind sehr heikel und fressen nur eine oder ganz wenige Pflanzen, unter denen bei den heimischen Arten vor allem Wildkräuter (gern als Unkräuter verschrien) und Wildsträucher. Wenn nun diese heimischen Pflanzen im Garten bei jedem Unkrautjäten entfernt oder durch „schöne" nichtheimische Gartenpflanzen ersetzt werden, dann finden die Schmetterlinge keinen Platz zum Ablegen ihrer Eier – und wo keine Eier abgelegt oder diese mit den Unkräutern entfernt werden, können keine Raupen schlüpfen, die sich dann nicht zu fertigen Schmetterlingen verpuppen können. Ein Teufelskreislauf, der auch noch durch ständiges Aufräumen im Garten, vor allem im Herbst beim Abräumen und Zurückschneiden vor dem Winter, verschärft wird. Bei jeder dieser Aufräumaktionen werden unzählige Insekten inklusive Schmetterlingsentwicklungsstadien unwiederbringlich vernichtet. Muss man da erstaunt sein, dass bei uns die Insekten so rapide abgenommen haben und es fast wie ein Wunder erscheint, wenn man einen Schmetterling im Garten entdeckt?

Ein Beispiel: Die Raupen der schönen großen Schwalbenschwanz-Schmetterlinge ernähren sich von den Blättern von Petersilie, Bibernelle, Pastinake, Wilde Möhre und Weinraute – also von Pflanzen, die es eigentlich noch reichlich gibt. Dennoch sind Schwalbenschwänze bei uns in den Gärten so gut wie verschwunden. Warum? Dieser Schmetterling braucht in seiner Entwicklung zu lange, um mit dem raschen Bewirtschaftungstakt in den Gärten zurechtzukommen: In jedem Herbst werden die Puppen, die sich an Pflanzenstängel heften und in dieser Haltung überwintern, zusammen mit den abgeräumten Pflanzen vernichtet. Fehlende Raupennahrung und zu ordentliche Gärten sind der Grund, warum in den Siedlungen so wenig Schmetterlinge existieren – und andererseits: Nur weil es bei uns noch recht häufige Bestände von Brennnesseln gibt, sind einige Schmetterlinge wie Tagpfauenauge oder Kleiner Fuchs noch recht häufig.

Pflanzen kommunizieren mit Hautflüglern

Die innigste Beziehung sind Blütenpflanzen mit den Bienen eingegangen. Umgangssprachlich meint man mit Biene meist die Honigbiene. Dabei sind die Wildbienen die besseren Bestäuber.

Honigbienen sind die bekanntesten Bienen. Sie leben nicht wild, sondern werden von Imkern als Nutztiere zur Honigproduktion gehalten. Von den etwa ungefähr sieben bis zwölf verschiedenen Honigbienenarten werden meist Rassen der Westlichen Honigbiene *(Apis mellifera)* gehalten. Gemäß ihrer Herkunft aus warmen vorderasiatischen Regionen mag sie es gern warm, darum fliegt sie erst bei Temperaturen über 12 °C.

Weiterhin werden Wildbienen und Hummeln genannt – doch tatsächlich gehören Hummeln zu den Wildbienen. Diese werden auch nur deshalb als Wildbienen bezeichnet, weil sie eben kein Haustier wie die Honigbiene sind, sondern wild leben. In diesem Kapitel sind mit dem Begriff Bienen ausschließlich wilde Bienen jeglicher Art inklusive Hummeln gemeint.

So wie Tag- und Nachtfalter zu der Insektengruppe der Schmetterlinge (Lepidoptera) gehören, so sind die Bienen Teil der sehr heterogenen Insektengruppe der Hautflügler (Hymenoptera). Ihr gemeinsames Merkmal zwei häutige Flügelpaare, die beim Flug aneinandergekoppelt werden. Die Hautflügler werden in zwei Gruppen unterteilt, die Pflanzenwespen (Symphyta, dazu gehören beispielsweise die Blatt- und Holzwespen) und die Taillenwespen (Apocrita). Zu dieser Hautflüglergruppe gehören zum einen die Legimmen (Terebrantia, das sind beispielsweise Schlupf-, Gall- und Brackwespen), zum anderen die Stechimmen (Aculeata): Zu dieser Gruppe, die mit einem Wehrstachel ausgestattet sind, gehören die über 50.000 Arten von Ameisen, Wespen und Bienen.

»Die innigste Beziehung sind Blütenpflanzen mit den Bienen eingegangen.«

Die älteste fossil erhaltene Biene, die in Bernstein eingebettet gefunden wurde, lebte vor 75 bis 92 Millionen Jahren, also am Ende der Kreidezeit. Älter sind versteinerte Funde von Blüten, die eindeutig Merkmale aufweisen, dass sie von Bienen bestäubt wurden – sie datieren ungefähr vor 110 Millionen Jahren. So lange, oder vielleicht sogar noch länger, haben sich Blüten und Bienen zusammen entwickelt. Das kann man sich vielleicht so vorstellen: Ursprüngliche Bienen, die damals lebten, müssen den Pollen von Blüten als wertvolle Nahrung erkannt und gefressen haben. Hungrig flogen sie von Blüte zu Blüte, sodass der zufällig am Bienenkörper hängengebliebene Pollen an der Narbe der nächsten Blüte haften blieb. Dadurch erhöhte sich für diese Pflanze deutlich die Chance, dass die Blüten befruchtet werden und mehr Samen bilden – und von Pflanzengeneration zu -generation hatten jeweils diejenigen Blüten die besten Vermehrungschancen, die von den meisten Bienen besucht wurden. So begannen die Pflanzen, sich immer mehr auf die Bienen einzustellen und diese auf die Blüten. Die Blüten entwickelten nach und nach süßen Nektar und fette Blütenöle, um die Bienen anzulocken, sie bildeten tiefe Nektarkelche und Staubfäden, färbten sich in den Farben, die Bienen gut sehen können und bekamen farbige UV-Male als Wegweiser zu Nektar und Pollen. Bienenblumen haben die Form einer Schale, Glocke oder eines Trichters, es sind Lippen- oder Rachenblütler und weisen stets eine ebene, größere Fläche auf oder eine große Unterlippe, auf der die Biene landen kann. In irgendwelche Öffnungen hineinzukriechen, ist für Bienen kein Problem. Da Bienenaugen kein Rot sehen können, dafür aber sehr gut Weiß, Gelb, Blau und Ultraviolett, sind Bienenblüten in diesen Farben gefärbt. Typische Bienenblumen sind Apfel, Beinwell, Glockenblumen, Löwenmäulchen, Fingerhut, Besenginster und Akelei.

Die Bienen ihrerseits entwickelten nach und nach immer längere Saugleckrüssel und Einrichtungen wie ein Haarkleid, Bauchbürsten oder Beinhöschen, um den Pollen zu ernten und zu transportieren. Schließlich begannen die Bienen als einzige Insektengruppe innerhalb der Blütenbestäuber nicht nur selbst Pollen und Nektar zu verspeisen, sondern damit auch ihre Larven. Das tun heute noch sowohl die solitär lebenden Wildbienen als auch die in Staaten lebenden Hummeln; die Honigbiene ging sogar noch weiter und produzierte aus dem gesammelten Nektar Honig. Dieser ist so haltbar, dass er als Winterfutter dienen kann – und so konnten die Honigbienen sogar dauerhafte Staaten anlegen, die den Winter über bestehen bleiben.

Bei so einer engen Beziehung, wie sie zwischen Blütenpflanzen und Bienen besteht, verwundert es nicht, dass man wahrnehmen kann, wie diese Partner miteinander kommunizieren. Nicht nur unsere Ohren, auch die Pflanzen können das Summen von Bienen und Hummeln hören. Wenn sie es wahrnehmen, erhöhen sie den Zuckergehalt im Nektar und drängen sich hier schier den heranfliegenden Bienen auf, sie zu besuchen. Die Bienen wiederum besuchen bevorzugt die Blüten mit dem süßesten Nektar, da sie beim gleichen Gewicht mehr energiereichen Zucker zu sich nehmen oder den Larven anbieten können. Pflanzen, die hören können, werden häufiger besucht als taube Pflanzen, was zu mehr bestäubten Blüten und folglich zu mehr Samen und Früchten führt. Doch wo sitzen die Ohren? Forscher fanden heraus, dass sie in den Blüten sitzen – die Ohren sind für alle anderen Geräusche taub und reagieren nur auf das Summen der Bienen.

Viele Blüten brauchen Hummeln als Bestäuber, dazu gehören etwa die Tomaten. Niederländische Forscher versuchten in den 1990er-Jahren eine Lösung zu finden, wie man Tomaten in Gewächshäusern bestäuben kann. Die Staubbeutel der Tomatenblüte sind nämlich miteinander zu einem Kegel verklebt und entlassen keinen Pollen. Die Forscher fanden heraus, dass der Pollen nur frei wird, wenn der Kegel durch feine Vibrationen erschüttert wird. Sie beobachteten Honigbienen beim Heranfliegen an die Tomatenblüte – doch es geschah nichts. Erst wenn sich eine Hummel näherte, brachte ihr Flügelschlagen den Staubbeutelkegel zum Schwingen und ließ den Pollen frei. Seitdem werden Hummelvölker in den Gewächshäusern zum Bestäuben eingesetzt – ohne die Hummeln gäbe es keine Tomaten.

Garten-Tipp: Jasminöl

Jasmonsäure haben Sie schon kennengelernt (siehe S. 121). Wissenschaftler am Max-Planck-Institut für chemische Ökologie in Jena haben herausgefunden, dass diese Substanz unterschiedlich wirkt, je nachdem ob sie von Blättern oder Blüten freigesetzt wird. Wird Jasmonsäure in Blüten frei, wirft sie die Nektarproduktion an und lockt somit mehr Bestäuber zu den Blüten – weswegen die Blüten besser bestäubt werden und die Fruchtqualität steigt. Diese Wissenschaftler haben auch herausgefunden, dass derselbe Effekt eintritt, wenn sie die Blüten mit Jasmonsäure besprühen. Das wäre doch einen Versuch wert: Jasmonsäure ist in Jasminöl enthalten, aus dem Sie eine stark verdünnte Sprühlösung herstellen und damit die Blüten Ihrer Beerensträucher einsprühen können …

Blüten nehmen pollentragende Insekten wahr

Mit ihren besonderen Pflanzensinnen können die Blüten zahlreicher Blütenpflanzen elektrische Felder registrieren. Da viele Pollenkörner statisch elektrisch geladen sind, nehmen Blüten pollenbeladene Bienen und andere Blütenbestäuber wahr, die sich ihnen nähern. Dieser Reiz führt in Sekundenschnelle dazu, dass sich die Blüten weiter öffnen und für die Insekten noch einladender sind.

Blüten täuschen Insekten

Die raffiniertesten Blüten besitzen die Ragwurz-Arten. Ragwurze sind eine Gruppe von Orchideen, von denen einige bei uns auf trockenen, mageren Standorten (Halbtrockenrasen) heimisch sind. Schon Carl von Linné erwähnte 1745 eine Orchideenart, deren Blüten Fliegen so täuschend ähnlich sind, dass sogar ein Mensch darauf reinfällt. Er nannte diese auch bei uns heimische Pflanze Fliegen-Ragwurz *(Ophrys insectifera)*, andere heimische sind Spinnen-Ragwurz *(Ophrys sphegodes)*, Hummel-Ragwurz *(Ophrys holoserica)* und Bienen-Ragwurz *(Ophrys apifera)*. Tatsächlich ahmen die Blüten nicht nur in Form, Färbung und Geschlechtsapparat die Gestalt von Bienen- oder Hummelweibchen nach (die Fliegen-Ragwurz ahmen nicht Fliegen-, sondern Grabwespenweibchen nach und die Blüten der Spinnen-Ragwurz Sandbienenweibchen), sondern verströmen sogar genau den Duft, auf den die entsprechenden Insektenmännchen voll drauf abfahren. Landen die so angelockten Männchen auf der Blüte, bekommen sie ein Pollenpaket auf den Körper geklebt. Irgendwann merken die Männchen den Irrtum, fliegen los, um sich von der benachbarten Blüte erneut bezirzen zu lassen – das Spiel wiederholt sich. Das aufgeklebte Pollenpaket bestäubt perfekt die Narbe, die Aufgabe des Bestäubers ist für die Blüte erledigt – mehr kümmert sie nicht.

Ragwurz-Orchideen stehen wie alle heimischen Orchideenarten unter strengem Artenschutz, niemals dürfen Sie sie in der freien Natur ausgraben oder beschädigen.

Blüten mit Ampeln

Manche Blütenpflanzen erleichtern den Bienen auch die Arbeit, bestäubte Blüten ohne Pollen und Nektar von noch unbestäubten, pollen- und nektarreichen Blüten zu unterscheiden. Meister darin ist die Rosskastanie *(Aesculus hippocastanum)*. Ihre Blüten, die wunderschöne Blüten-„Kerzen“ bilden, werden von Bienen bestäubt. Rosskastanien blühen zwischen April und Juni. Dabei blühen nicht alle Blüten innerhalb eines Blütenstandes gleichzeitig auf, sondern nacheinander. Die Bienen müssen daher immer wieder um dieselben Blüten-„Kerzen" herumfliegen, um die neu aufgeblühten zu besuchen. Damit die Bienen auf einen Blick erkennen können, welche Blüten schon bestäubt sind und welche nicht, helfen ihnen die Rosskastanien. Sie haben eine Art Ampel entwickelt – die Ampel ist ein Farbmal, das jede Blüte besitzt. Dieser Fleck ändert seine Farbe, wenn die Blüte bestäubt ist. Raten Sie mal, welche Farben die Rosskastanien für die Ampel gewählt haben? Bei unbestäubten Blüten laden gelbe Farbflecken die Bienen zu einem Besuch ein, weil Bienen gut Gelb sehen können. Bei jeder Blüte, die bestäubt ist, wechselt die Farbe des Mals von Gelb nach Rot – Rot können Bienen nicht sehen und so fallen den Bienen die bestäubten Blüten überhaupt nicht ins Auge. Wenn Sie das nächste Mal eine blühende Rosskastanie sehen, achten Sie auf die Farbmale – sie sind so markant, dass sie auch uns Menschen auffallen.

Bienenblumen für Ihren Garten

Wildbienen und Hummeln fliegen von den ersten warmen Spätwintertagen im Februar bis zu den ersten Frösten im November. In diesen Monaten sollten sie in Ihrem Garten genügend Nahrung an Pollen und Nektar finden.

- **Ab Februar:** Haselnuss, Schneeheide *(Erica carnea)*, Schwarze Nieswurz, Stinkende Nieswurz, Weide, Winterling
- **Ab März:** Geflecktes Lungenkraut *(Pulmonaria officinalis)*, Gemeine Küchenschelle, Kornelkirsche, Pestwurz *(Petasites hybridus)*, Schlehe, Zweiblättriger Blaustern
- **Ab April:** Apfel, Birne, Kriechender Günsel, Löwenzahn, Süßkirsche, Zaun-Wicke *(Vicia sepium)*
- **Ab Mai:** Akelei, Berg-Flockenblume, Brombeere, Bunte Kronwicke, Echter Steinklee, Fächer-Zwergmispel, Gewöhnlicher

Schneeball, Himbeere, Hunds-Rose, Phazelie, Rot-Klee, Weiß-Klee, Wiesen-Salbei, Zier-Lauch

- **Ab Juni:** Bart-Nelke, Blaue Himmelsleiter, Borretsch, Echter Thymian, Färber-Wau *(Reseda)*, Gemeine Ochsenzunge *(Anchusa officinalis)*, Natternkopf, Storchschnabel, Vogel-Wicke, Wegwarte, Weißer Senf *(Sinapis alba)*
- **Ab Juli:** Echter Alant, Eibisch, Dahlie, Schwarze Königskerze, Sonnenblume, Sonnenbraut *(Helenium)*, Stockrose *(Alcea rosea)*, Tüpfel-Johanniskraut, Wilde Karde, Wilder Majoran, Ysop
- **Ab August:** Aster, Bartblume *(Caryopteris clandonensis)*, Besenheide, Efeu, Fetthenne, Herbstzeitlose

Wildbiene oder Honigbiene?

Wer die Sprache der Pflanzen versteht, setzt auf Wildbienen als Bestäuber. Denn sie erledigen diesen Job wesentlich besser als die Honigbienen. Honigbienen sind primär am Nektar interessiert, um daraus Honig zu machen, während Wildbienen primär Pollen sammeln, für sich selbst und vor allem als Nahrungsvorrat für die Larven. Jedes Wildbienenweibchen legt im Schnitt ungefähr 20 Brutzellen an, in jede Brutzelle füllt es reichlich Pollen und belegt sie mit einem Ei.

Doch was bedeutet dieses unterschiedliche Interesse von Honigbienen und Wildbienen für die Blüten? Blütenökologen haben das bei Apfelblüten erforscht: Wenn eine Honigbiene eine Apfelblüte anfliegt, muss sie sich zwischen den Staubbeuteln in das Innere der Blüte vorarbeiten, um Nektar zu tanken. Verlässt sie dann die Blüte, ist ihr Körper mit Pollen bedeckt. Der ist für sie lästig, weil sie ja Nektar sammeln muss. Darum putzt sie sich gleich, fliegt dann zur nächsten Blüte, um beim Nektarsaugen wieder von „lästigem“ Pollen „beschmutzt“ zu werden. Sie versucht, auf einem besseren Weg zum Nektar zu gelangen – und findet ihn: Sie macht sich ganz flach und kriecht förmlich auf einem Blütenblatt ins Innere der Blüte und zwängt sich zwischen den Staubgefäßen durch – so kann sie Nektar saugen, ohne an die sie nun überragenden Staubgefäße mit dem Pollen zu gelangen. Das lästige Putzen nach dem Blütenbesuch entfällt. In so einer Position überragen auch die klebrigen Narben die Biene und werden von ihr nicht berührt. Hat eine Honigbiene gelernt, wie sie auf diese Weise an den Nektar gelangt, wird sie es zukünftig bei allen Blütenbesuchen so tun. Dadurch bestäubt sie keine einzige Blüte mehr. Nun kommen nur noch die unerfahrenen Sammlerbienen mit dem Pollen und den Narben in Kontakt, bis auch sie den „sauberen" Weg zum Nektar gelernt haben. Unter den Honigbienen gibt es auch eine Minderheit an Pollensammlerinnen – doch sie ernten gezielt den Pollen aus einer seitlichen Sitzposition und schieben ihn in die Höschen, die aus besonderen Haaren an den Hinterbeinen bestehen. Bei dieser Art der Pollenernte gelangt nur wenig Pollen auf die klebrigen Narben. Das Ergebnis der Honigbienen: Viele Blüten werden nicht bestäubt und die bestäubten Blüten erhalten nur wenig Pollen auf einem kleinen Teil der Narbe.

Anders die Wildbienen: Wildbienen sammeln gezielt den Pollen mit ihren haarigen Körperteilen. Bei der Ernte baden sie förmlich in Pollen, um möglichst viel Pollen abzubekommen. Viele Wildbienenarten besitzen zudem eine sogenannte Bauchbürste aus bürstenartig auf der Unterseite des Hinterleibs angeordneten Haarbüscheln. Diese Bienen bürsten den Pollen mit heftigen Vor- und Zurückbewegungen ihres Körpers förmlich herunter. Das Ergebnis der Wildbienen: Bei all diesen Sammelweisen kommen die Wildbienen intensiv mit den klebrigen Narben auf ganzer Länge in Kontakt, sodass auf jeder Narbe viel Pollen hängen bleibt. Alle Blüten werden optimal bestäubt, sodass die daraus entwickelten Früchte nachweislich größer, süßer und qualitativ besser sind. Das gilt nicht nur für Äpfel, sondern wurde in Studien auch für Erdbeeren belegt. Und was für Äpfel und Erdbeeren gilt, trifft hundertprozentig auch für all die anderen Früchte zu.

So fördern Sie Wildbienen

Sie können in Ihrem Garten ganz einfach dafür sorgen, dass Ihre Früchte bestens von Wildbienen bestäubt werden. Unter den rund 565 heimischen Wildbienenarten gibt es nämlich einige, die zeitgleich mit der Blüte der Obst- und Beerengehölze unterwegs sind und die Nisthilfen annehmen – dazu gehören die Gehörnte Mauerbiene *(Osmia cornuta)* und die etwas kleinere Rostrote Mauerbiene *(Osmia bicornis)*. Dazu basteln Sie im ausgehenden Winter aus etwa 15 Bambusstäben, die verschiedene Durchmesser von drei bis neun Millimeter aufweisen, eine kleine Nisthilfe.

1. Sägen Sie dazu die Bambusstäbe mit einer scharfen Säge in etwa 13 bis 15 Zentimeter lange Stücke. Achten Sie darauf, dass die Sägeflächen völlig glatt sind und keine Risse oder Splitter aufweisen – an diesen könnten die zarten Flügel der Wildbienen verletzt werden; aus diesem Grund verwenden Sie zum Zerteilen auch keine Gartenschere, die quetscht statt schneidet.
2. Säubern Sie nun das Innere der Bambusstücke sorgfältig zunächst mit der Rundbürste, dann mit einem Pfeifenputzer.
3. Glätten Sie schließlich die Öffnungen und Ränder mit feinem Schleifpapier. Wenn Sie das Schleifpapier aufrollen, können Sie auch die Innenseite der Öffnungen glätten.
4. Verschließen Sie das hintere Ende jedes Bambusstückes mit einem kleinen Wattepfropfen, den Sie mit darauf tropfendem Kerzenwachs fixieren. Jedes Bambusstück ist eine Niströhre, in die Wildbienen viele Brutzellen anlegen.
5. Binden Sie nun zehn bis 20 Bambusniströhren mit kleinen bis größeren Durchmessern bunt gemischt mit Bast oder Kordel zu einem kleinen Bündel zusammen.

Ab Februar bringen Sie diese Nisthilfen an verschiedenen, möglichst sonnig-warmen Stellen mit freiem Anflug auf Balkon, Terrasse oder im Garten an, denn die ersten Wildbienen fliegen schon an warmen Februartagen. Sie dürfen nicht wackeln oder schaukeln.

Garten-Tipp: Insektenfreundliche Blüten erkennen

Viele Pflanzen im Garten stammen weder von hier, noch gleichen sie den Wildarten. Menschen haben aus den heimischen und exotischen Pflanzen viele Sorten gezüchtet, die zwar für unser menschliches Auge wunderschön anzusehen sind, die aber die Sprache der Insekten „verlernt“ haben: Viele Zuchtsorten von Gehölzen, Stauden und Sommerblumen besitzen gefüllte Blüten, also Blüten mit unzähligen Blütenblättern. Bei diesen gefüllten Blüten ist die Schönheit auf Kosten von Pollen und Nektar gegangen, den sie nicht mehr haben. Verzichten Sie auf diese hochgezüchteten Sorten, auch wenn das bei jedem Besuch im Gartencenter angesichts überschäumender Blütenfülle und verlockender Farbpaletten wirklich schwerfällt. Wählen Sie konsequent heimische Wildsträucher und Wildblumen für Ihren Garten. Diese Pflanzen können am besten mit unseren heimischen Insekten kommunizieren – und lehren uns die Schönheit des Einfachen. Sie tun damit nicht nur den Insekten Gutes, auch den Gartenvögeln, die ihre Küken nur mit Insekten füttern und sich zum großen Teil von den Samen, die sich nur aus bestäubten Blüten bilden können, ernähren. Mit einem Blick auf die verschiedenen Blüten können Sie erfassen, welche Insektenbesucher eingeladen sind. Dabei müssen Sie nur auf die Form und Farbe gucken.

Sie können auch mehrere dieser kleinen Nisthilfen aus Bambusrohr bauen, bringen Sie diese dann dezentral an verschiedenen Stellen an. Belassen Sie diese Nisthilfe draußen bis weit ins nächste Jahr hinein.

Ab März tauchen dann die Mauerbienen auf und belegen die Bambusrohre mit ihren Brutzellen, die sie mit Lehm verschließen. Nach ein paar Wochen sind alle Bambusrohre belegt und die Mauerbienen sterben. Nun belassen Sie die Nisthilfe draußen an einem warmen, regengeschützten Platz, auch über den Winter – im Innern entwickelt sich die nächste Bienengeneration. Wenn es dann Frühjahr warm wird, bringen Sie die kleine Nisthilfe zu Ihren Obstbäumen und Beerensträuchern und legen Sie diese dort an einen sonnigen, warmen Platz. Sie werden staunen, wenn bald zuerst die Männchen, dann die Weibchen der Mauerbienen schlüpfen und die Blüten bestäuben.

Und damit sie genügend Platz für ihren Nachwuchs haben, bauen Sie mehrere Nisthilfen und legen diese aus – damit es auch im kommenden Jahr genügend Blütenbestäuber gibt.

Blütenvielfalt

Blütenform	Blütenfarbe	Beispielhafte Gartenpflanzen	Bestäubende Insekten
flach, scheiben- oder schalenförmig mit süßlichem bis urinähnlichem Geruch	weißlich, bräunlich, grüngelblich	Doldenblütler, Efeu, Feuerdorn	Käfer, Wespen
flach, scheiben- oder schalenförmig mit eher unangenehmem Geruch	weißlich, bräunlich, grüngelblich	Doldenblütler, Roter Hartriegel	Fliegen
glockenförmig, lippen-, rachen- und röhrenförmig mit großer Unterlippe zum Landen, auch scheibenförmig, oft größere Blüten	weiß, gelb, blau	Akelei, Apfel, Beinwell, Besenginster, Fingerhut, Glockenblumen, Löwenmäulchen	Bienen, Hummeln
scheiben- oder röhrenförmig mit ausgebreiteten Kronblattzipfeln zum Landen, oft mit nur schwachem Duft	kräftig gelb, blau, rot	Korbblütler, Nelken *(Dianthus)*, Rote Lichtnelke, Spornblume, Wiesen-Schaumkraut	Tagfalter
röhrenförmig mit intensivem, süßem Duft, blühen abends auf	weiß, auch gelb	Geißblatt, Nachtkerzen, Phlox, Weiße Lichtnelke, Zaun-Winde	Nachtfalter

Pflanzen kooperieren mit Tieren

Der Erfolg der Blütenpflanzen, die 90 Prozent unserer heimischen Flora ausmachen, beruht nicht nur auf der Kommunikation mit Feinden der Fraßfeinde oder bestäubenden Insekten.

Auch die vielfältigen Interaktionen mit Tieren beim Verbreiten von Samen und Früchten tragen ungemein zu ihrer viele Millionen Jahre langen Erfolgsgeschichte bei. Viele Samen, so etwa die der Veilchen, tragen kleine nährstoffreiche Anhängsel, die sogenannten Elaiosomen. Sie werden auch Ameisenbrötchen genannt, weil Ameisen ganz besonders auf sie stehen. Nach der Blüte biegen sich die verwelkten Blüten auf den Boden herab. So kommen die Ameisen noch leichter an die reifenden Samen, die sie mitsamt dem Ameisenbrötchen abzwicken und zu ihrem Bau transportieren. Unterwegs wird der Ameise die Last immer schwerer und so beißt sie irgendwo auf dem Weg zum Bau kurzerhand den Samen ab. Den lässt sie achtlos fallen, da sie nur das leckere Ameisenbrötchen nach Hause bringen will. Im kommenden Jahr keimt aus dem weggeworfenen Samen ein neues Veilchen – und nach und nach zieren viele Veilchen die Ameisenstraßen.

Bestimmte Gräser in Afrika gehen noch weiter: Ihre Samen sehen wie kleine Dungkugeln aus und riechen auch so. Das lockt Mistkäfer an, die die stinkenden Samen mit Kot verwechseln – zum Wohle der Pflanzen. Denn die ahnungslosen Käfer rollen die Samen am Boden entlang und vergraben sie schließlich an einer anderen Stelle etwa zwei Zentimeter tief, so wie sie es mit Kotbohnen machen würden: optimal zum Keimen der Samen für eine neue Graspflanze.

Auch die Früchte – egal ob Äpfel, Birnen, Kirschen, Beeren und viele mehr – sind raffinierte Strategien der Pflanzen, um Vögel und andere Tiere für die Verbreitung der Samen einzuspannen.

Pflanzenbotschaften für aufmerksame Gärtner

Pflanzen „reden“ mit Bakterien und Pilzen, mit anderen Pflanzen und Tieren – warum sollten sie nicht auch mit uns kommunizieren? Pflanzen hätten auf jeden Fall jede Menge zu sagen: Keine anderen Lebewesen kennen den Boden, das Klima und wer so tagein tagaus hinein- und herausspaziert in Ihrem Garten so gut wie die Bäume und Sträucher, Blumen, Gräser und Kräuter. Leider sind Pflanzen nicht unserer Sprache mächtig, aber ein paar „Worte“ beherrschen sie doch. Einzige Voraussetzung: Sie müssen den Pflanzen auch „zuhören“. Darum geht es in diesem Kapitel.

Lasst Pflanzen sprechen

Pflanzen und Menschen sind aus erdgeschichtlicher Sicht noch nicht besonders lange miteinander unterwegs. Darum sollten vor allem wir Menschen den Pflanzen aufmerksam zuhören.

Menschen gibt es erst seit ungefähr 160.000 Jahren, ein Wimpernschlag in der Erdgeschichte verglichen mit dem millionenjahrelangen Vorkommen von Käfern, Fliegen, Schmetterlingen und Bienen – zu kurz für eine gemeinsame Evolution einer funktionierenden Kommunikation zwischen Mensch und Pflanze im Miteinander, wie es etwa zwischen Pflanzen und den Gegenspielern ihrer Fressfeinde oder mit Blütenbestäubern der Fall ist. Dennoch kommunizieren Pflanzen auch mit uns Menschen auf vielfältige Weise. Dabei fällt uns Menschen eher der Part des Zuhörens zu und des Wahrnehmens der Botschaften der Pflanzen. Pflanzen sind Meister im „Zuhören“: In dieser Hinsicht können wir viel von den Pflanzen lernen.

Pflanzen nehmen ober- und unterirdisch eine Vielzahl fremder Signale wahr, reagieren aber nicht sofort und überstürzt darauf, sondern erst, wenn das Signal eine gewisse Stärke erreicht und einen Schwellenwert überschritten hat. Pflanzen sind gemütliche Lebewesen, denen jegliche Hektik fernliegt. Um mit Pflanzen zu kommunizieren, braucht es ein Herunterfahren unseres raschen Tempos und schnellen Geists. Wir sollten langsamer werden, ruhiger und entspannter, unsere Sinne auf die feinen Dinge richten und Nuancen spüren lernen. Der gute Effekt dabei ist: Genau das ist wichtig für uns Menschen in diesen übervollen Zeiten, die Burnout-Syndrome und Überforderung so sehr fördern. Pflanzen helfen uns nicht nur durch ihre heilenden Inhaltsstoffe, sondern auch durch ihr Wesen und ihre Schwingungen für die eigene Heilung.

Info: Zuhören lernen von den Pflanzen

Für gute Gespräche, egal ob privat oder beruflich, ist Zuhören das Allerwichtigste. Nur durch Zuhören bekommen Sie einen umfassenden Eindruck davon, um was es geht. Durch Zuhören können Sie Wichtiges von Unwichtigem unterscheiden, um eine Meinung zu fassen oder eine Entscheidung zu fällen. Zuhören nährt Ihr Gehirn und Ihren Körper. Zuhören können Sie von den Pflanzen lernen und mit ihnen üben, denn die Pflanzen haben Ihnen etwas zu sagen. Seien Sie still und versuchen Sie auch die unentwegt durch Ihr Gehirn strömenden Gedanken zu stoppen. Dazu konzentrieren Sie sich auf die Pflanze: Schauen Sie sie an, die Blätter, die Blüten, die Wuchsform, wo und wie sie steht. Achten Sie auch auf kleine Details, den Käfer auf dem Stängel, die feine Zeichnung der Blüte. Dabei entspannen Sie sich und hören Sie nach innen und außen.

Die Körpersprache der Pflanzen verstehen

Fürs Gärtnern ist es sehr hilfreich, wenn Sie die Körpersprache der Pflanzen wahrnehmen. Dann können Sie entsprechend handeln.

Die Pflanze ist welk.

Check 1: Boden ist vollkommen trocken.
Körpersprache verstehen: Die Pflanze bekommt nicht genügend Wasser.
Was tun? Durchdringend den Boden wässern, Topfpflanzen in mit Wasser gefülltem Eimer tauchen, bis keine Luftbläschen mehr aufsteigen, überschüssiges Wasser ablaufen lassen

Check 2: Der Boden ist patschnass.
Körpersprache verstehen: Die Pflanze leidet unter Staunässe, im staunassen Boden sterben die Wurzeln ab.
Was tun? Beetpflanzen sofort an eine andere Stelle mit gut durchlüftetem Boden umpflanzen, Topfpflanzen in frische Erde umtopfen

Check 3: Der Boden ist weder trocken noch nass, sondern optimal feucht.
Körpersprache verstehen: Die Wurzeln nehmen kein Wasser auf.
Was tun? Untersuchen Sie den Wurzelbereich, dort könnten Wühlmäuse oder Drahtwürmer (die Larven der Schnellkäfer) die Wurzeln aufgefressen haben oder sie könnten von Wurzelläusen befallen sein. Mit halbierten Kartoffeln, die Sie in den Boden stecken, können Sie die Drahtwürmer anlocken und nach wenigen Stunden mitsamt den Kartoffeln entfernen. Zum Schutz vor einem weiteren Befall pflanzen Sie Tagetes und Ringelblumen um die betroffenen Kulturen. Wurzelläuse können Sie mit durchdringendem Wässern oder mit Brennnesseljauche in Schach halten. Setzen Sie auch auf natürliche Feinde wie Vögel, Laufkäfer, Spitzmäuse, Igel und Maulwürfe bei Drahtwürmern sowie Laufkäfer, Kurzflüglerkäfer und Hundertfüßer bei Wurzelläusen.

Vor allem die älteren Blätter am Fuß oder im Innern der Pflanze sind vergilbt und blassgrün, sie welken von der Blattspitze her und sterben ab; außerdem bleibt die Pflanze im Wachstum zurück oder blüht zu früh.

Körpersprache verstehen: Die Pflanze steht unter großem Stress, denn ihr fehlt das Nährelement Stickstoff; dadurch kann sie kein Blattgrün (Chlorophyll), keine Eiweiße und Enzyme bilden und folglich nicht wachsen. Die Fotosynthese wird zurückgefahren, zuerst bei den älteren Blättern, später auch bei jungen. Da es bei der Pflanze um Leben oder Tod geht, bildet sie oft eine verfrühte Notblüte – so steckt sie ihre letzte Lebenskraft in die Bildung von Samen, die ihr Überleben sichern.
Was tun? Stickstoffmangel kann vor allem auf Sandböden vorkommen, in denen die Nährelemente leicht ausgewaschen werden. Düngen Sie sofort mit stickstoffhaltiger Brennnesseljauche, die Sie 1 : 10 mit Wasser verdünnt haben.

Garten-Tipp: Rezept für Brennnesseljauche

Geben Sie 1 kg frisches oder 200 g getrocknetes Brennnesselkraut in 10 Liter Wasser. Decken Sie das Gefäß ab, damit keine Vögel oder andere Tiere hineinfallen und ertrinken können. Den Jaucheansatz müssen Sie täglich umrühren. Nach ein paar Tagen setzt die Gärung ein. Um die Geruchsbildung zu reduzieren, mischen Sie Baldrianextrakt, Bentonit, Eichenblätter oder Urgesteinsmehl unter. Wenn sich nach zwei bis drei Wochen kein Schaum mehr bildet, entfernen Sie die Kräuter. Nun können Sie die Jauche 1 : 10 mit Wasser verdünnt einsetzen.

Die Pflanze bildet wenig Blüten und Früchte, dafür viel Blattmasse; die Blätter haben einen leichten Blaustich und zeigen Anzeichen von Verbrennungen an den Rändern; Pilzkrankheiten und Schaderreger treten auf.

Körpersprache verstehen: Die Pflanze hat viel zu viel Stickstoff, der das Blattwachstum in großem Maße antreibt; dadurch werden die Blätter weich und anfälliger für Krankheiten, Schädlinge und Frost. **Was tun?** Sofort die Stickstoffdüngung einstellen, Strohmulch auftragen und rund um die betroffenen Pflanzen *Phacelia* (Bienenfreund) aussäen; bei Topfpflanzen können Sie die Stickstoffnährsalze aus dem Boden schwemmen, indem Sie den Topf mit lauwarmem Wasser füllen – gut ablaufen lassen und einige Tage lang nicht gießen.

Die Tomaten werden nicht vollständig reif, sondern bleiben am Fruchtansatz grün (Grünkragen).

Körpersprache verstehen: Die Tomatenpflanzen haben zu wenig Kalium, dadurch können die Früchte nicht vollständig ausreifen. **Was tun?** Kaliummangel tritt vor allem auf kalkarmen Tonböden und feuchten Sandböden auf. Auch übermäßiges Düngen mit Stickstoffsalzen kann zu Kaliummangel führen. Tomaten brauchen reichlich Kalium. Düngen Sie darum mit einer Beinwelljauche (Herstellung wie Brennnesseljauche, siehe S. 197, 1 : 10 verdünnt mit Wasser ausbringen) oder mulchen Sie die Tomaten mit Beinwellblättern, denn Beinwell *(Symphytum)* ist bekannt für seinen hohen Gehalt an Kalium. Auch verschiedene Algenprodukte, Farnkraut und Gesteinsmehl liefern den Pflanzen das Nährelement Kalium.

Die Pflanze entwickelt sich schwach, sie bildet nur kleine Blüten, die sehr verzögert erscheinen, und Blattteile vertrocknen mit dunklen Flecken.

Körpersprache verstehen: Durch einen Mangel an Phosphor kann die Pflanze ihren üblichen Stoffwechsel nicht mehr aufrechterhalten, er bricht nach und nach zusammen. Denn Phosphor gehört zu den lebensnotwendigen Nährsalzen, die eine wichtige Rolle im gesamten Energiestoffwechsel der Pflanzen haben. Zudem ist Phosphor ein Baustein der Zellwände, Proteine und Enzyme. Daher ist es vor allen Dingen für junge Pflanzen, die im Wachstum stehen, unentbehrlich. Phosphormangel tritt vor allem in stark sauren, auch in humusarmen Böden auf. Dann kann die Pflanze aufgrund des hohen pH-Werts kaum Phosphorverbindungen aufnehmen.

Was tun? Stellen Sie einseitige mineralische Stickstoffdüngungen ein und bringen Sie phosphathaltiges fein gemahlenes Knochenmehl oder Guano aus.

Ältere Blätter werden gelb und die Blattadern bleiben grün, später werden die Blattränder braun.

Körpersprache verstehen: Durch den Mangel an Magnesium erscheinen zunächst helle, dann gelbe Flecken auf den Blattflächen älterer Blätter, die sich bald auf die gesamte Blattfläche ausbreiten – dann sind nur noch die Blattadern grün gesäumt und die Blattränder werden braun und rollen sich ein. Diese gelben Flecken entstehen, weil die Pflanze bei Magnesiummangel das Magnesium aus älteren Blättern abzieht und in das Chlorophyll jüngerer Blätter einbaut. Magnesium ist das zentrale Atom im Chlorophyllmolekül. Daneben reguliert Magnesium den Wasserhaushalt, aktiviert Enzyme und spielt bei der Aufnahme von Phosphor, Schwefel und Stickstoff eine große Rolle. Magnesiummangel tritt vor allem in sauren, leichten Sandböden auf, in denen Magnesium leicht ausgewaschen wird. Auch in mit Stickstoff, Phosphor und Kalium überdüngten Böden ist die Menge an pflanzenverfügbarem Magnesium reduziert.

Was tun? Prüfen Sie den pH-Wert, er darf nicht unter 6 fallen. Reduzieren Sie die mineralische Stickstoffdüngung und bringen Sie magnesiumreichen Algenkalk, Lava und Gesteinsmehle aus.

Vor allem jüngere Blätter zeigen ein grün-gelbes Fischgrätmuster ohne Verbräunungen.

Körpersprache verstehen: Bei einem Mangel an Eisen sind die Blattflächen der jüngeren Blätter hellgelb gefärbt und die Blattadern dunkelgrün. Die älteren Blätter am Fuß der Pflanze sind noch normal grün gefärbt. Bei Eisenmangel stellen die Pflanzen nach und nach ihr Wachstum ein und bilden weniger Blüten. Eisenmangel kann auf kalkreichen, sauren, trockenen Böden vorkommen, etwa im Bereich von Bauschutt oder frisch verputzten Wänden, denn hohe pH-Werte verhindern die Aufnahme von pflanzenverfügbarem Eisen durch die Wurzeln.

Was tun? Messen Sie den pH-Wert des Bodens, er muss im leicht sauren Bereich sein und darf nicht unter 6 fallen. Wenn Sie Beinwell, Bohnen, Fingerhut, Vogelmiere oder Zichorie aussäen, können Sie pflanzenverfügbares Eisen aus tieferen Bodenschichten nach oben bringen. Einem Eisenmangel beugen Sie durch eine gute Bodenbelüftung, regelmäßiges Lockern und Gründüngung vor.

Im Frühjahr sind die Blattränder über Nacht braun geworden und trocken-welk.

Körpersprache verstehen: Die Blätter kälteempfindlicher Pflanzen waren frostigen Temperaturen ausgesetzt. Durch den Frost sind die Zellen an den Blatträndern gefroren und abgestorben. Der innere Blattbereich ist oft unversehrt, wird aber bei weiteren Kälteeinbrüchen nicht mehr von den nun abgestorbenen Blattrandzellen geschützt und das Blatt könnte noch mehr absterben.

Was tun? Lassen Sie sich im Frühjahr nicht von sonnig-warmen Tagen verführen, sondern achten Sie in dieser Jahreszeit ganz besonders auf den Wetterbericht. Sind Frostnächte angekündigt, sorgen Sie bei wärmeliebenden Pflanzen und den schon ausgeräumten Kübelpflanzen für ausreichend Frostschutz. Dazu können Sie die Pflanzen mit Vlies, Noppenfolie oder Strohmatten einhüllen. Abgestorbene Pflanzenteile schneiden Sie erst im späten Frühjahr ab, denn solange dienen sie der restlichen Pflanze als Kälteschutz.

Garten-Tipp: Frostverträgliche Pflanzen

So viel Frost vertragen Pflanzen:

- **Keinen Frost:** Bougainvillee *(Bougainvillea)*, Engelstrompete *(Brugmansia)*, Kamelie *(Camellia japonica)*, Korallenstrauch *(Erythrina)*, Roseneibisch *(Hibiscus)*
- **Leichten Frost:** Dipladenie/Chinesischer Jasmin *(Mandevilla)*, Hortensie *(Hydrangea)*, Oleander *(Nerium oleander)*, Passionsblume *(Passiflora)*, Schmucklilie *(Agapanthus)*, Wollmispel *(Eriobotyra)*
- **Frost bis etwa –5 °C:** Feige *(Ficus)*, Granatapfel *(Punica granatum)*, Indisches Blumenrohr *(Canna)*, Lavendel *(Lavandula)*, Lorbeer (*Laurus nobilis)*, Schönmalve *(Abutilon)*, Zitrus *(Citrus)*
- **Frost bis etwa –10 °C:** Jasmin *(Jasminum)*, Mispel *(Mespilus germanica)*, Olive *(Olea europaea)*

Im Lauf des Winters werden immergrüne Pflanzen wie Thuja oder Kirschlorbeer nach und nach braun und sterben ab.

Körpersprache verstehen: Den Pflanzen fehlt Wasser, sie vertrocknen. Immergrüne Pflanzen behalten das ganze Jahr über ihre Blätter. Dadurch betreiben sie an allen frostfreien Tagen Fotosynthese und ziehen Wasser aus dem Boden. Im Winter ist der Boden aber oft durchgefroren, vor allem in tieferen Bereichen und das Wasser ist für die Wurzeln weniger verfügbar.

Was tun? Sie sollten immergrüne Pflanzen auch im Winter an frostfreien Tagen gießen. Sind die Pflanzen abgestorben gibt es keine Rettung mehr für sie.

Im Sommer zeigen Blätter großflächige vertrocknete Stellen, Äpfel und andere Früchte braune Flecken und matschige Stellen.

Körpersprache verstehen: Die Blätter und Früchte haben zu viel Sonnenlicht abbekommen, sie sind verbrannt.

Was tun? Die verbrannten Flächen auf Blättern und Früchten sind bleibend und verschwinden nicht mehr, denn die abgestorbenen Pflanzenteile können sich von den Verbrennungen nicht mehr erholen. Zur Vorbeugung von Brandschäden sollten Sie an sonnigen Tagen die Blätter, Triebe und Früchte nicht von oben mit Wasser begießen, denn die Wassertropfen können wie Brenngläser wirken und das Sonnenlicht gebündelt auf die Pflanzenteile werfen. Sonnenempfindliche Pflanzen und Beerenfrüchte wie Himbeeren oder Weintrauben können Sie mit aufgespannten Sonnensegeln vor einem Zuviel an Sonnenstrahlen schützen, vor allem in der strahlungsintensiven Mittagszeit. Rasenflächen schützen Sie vor Sonnenbrand, indem Sie diese nur in den frühen Morgenstunden oder am Abend gießen. Setzen Sie südlich von empfindlichen Pflanzen hohe Sträucher zum Beschatten.

Die Rinde von Bäumen weist tiefe Risse auf.

Körpersprache verstehen: Wärmt sich an sonnigen Wintertagen die dunkle Rinde von Bäumen an der sonnenbeschienen Seite stark auf, so entstehen große Temperaturunterschiede zu der sonnenabgewandten Rindenseite. Aufgrund des Temperaturgefälles reißt die Rinde auf – durch die Risse verringert sich die Schutzwirkung der Rinde für den Baum und Pilzerreger können eindringen.

Was tun? Schützen Sie die dunkle Rinde von Obstgehölzen und anderen Bäumen, dessen Stämme der Sonnen exponiert sind, mit hellem Vlies (umwickeln) oder durch den Anstrich mit weißer Kalkfarbe. Die weiße Farbe reflektiert das Sonnenlicht und verhindert, dass sich diese Rindenbereiche aufheizen. Weiße Kalkfarbe können Sie das ganze Jahr über auftragen, damit die Farbe gut trocknet, wählen Sie dazu einen trockenen Tag.

Garten-Tipp: Forsythienkalender

Sie interessieren sich dafür, wie das Klima sich verändert? Ein möglicher Hinweis darauf gibt der alljährliche Blühbeginn von Sträuchern in Ihrem Garten. Sie können dazu – so wie im seit 1945 laufenden Hamburger Forsythienkalender (link: https://www.dwd.de/DE/klimaumwelt/klimaueberwachung/phaenologie/produkte/langereihen/langereihen.html) – Ihre Forsythie wählen oder ein anderer Frühblüher wie etwa Hasel, Kornelkirsche oder Flieder. Notieren Sie jedes Jahr, wann der Strauch zu blühen beginnt.

Gartenarbeiten im Takt der Pflanzensprache

Wenn Sie die Pflanzen in Ihrem Garten und der Umgebung bewusst wahrnehmen, bekommen Sie Hinweise darauf, was im Jahreslauf im Garten zu tun ist. Da sich das Wetter nicht an den Kalender hält, noch weniger in Zeiten von Klimawandel, sind die Zeichen der Natur viel verlässlicher.

Gartenarbeiten nach dem phänologischen Kalender

Pflanzensprache	Jahreszeit	Was ist zu tun?
Schneeglöckchen und Haselsträucher blühen	Vorfrühling	die beste Zeit, um Gehölze zu schneiden, Bodenuntersuchung in Auftrag geben
Forsythien und Schlehen blühen	Erstfrühling	die beste Zeit, um Rosen zurückzuschneiden, schützende Laubschicht von Beeten und Rabatten abräumen, Beete lockern und flächendeckend Kompost ausbringen (drei Liter pro Quadratmeter genügen), Blumenwiese anlegen, Stauden und Wildstauden, mehrmals tragende Erdbeeren (Monatserdbeeren) pflanzen und säen, im Freiland säen: Erbsen, Karotten (Möhren), Kohlrabi, Mangold, Radieschen, Rettich, Rote Bete, Salate, Spinat, Pflanzzeit für Beerensträucher, Pfirsich, Aprikose, Walnuss und Weintrauben, für Zier- und Klettergehölze, auch für Kiwi
Ahorne und Stachelbeeren blühen	Immer noch Erstfrühling	Sonnenblumenkerne in die Erde stecken, robustes vorgezogenes Gemüse ins Freiland auspflanzen: Grünspargel, Kohl, Kohlrabi, Lauch, Salate, Topinambur, Rhabarber ernten, Lavendel um ein Drittel bis zur Hälfte zurückschneiden
Apfelbäume, Flieder und Rosskastanien blühen	Vollfrühling	Kompost bauen; gute Zeit, um einen Rasen neu anzulegen und eine Blumenwiese auszusäen, auf freien Flächen Gründüngung einsäen; beste Zeit, um einen Gartenteich neu anzulegen, alle Gemüsearten können im Freien gesät und gepflanzt werden, auch die kälteempfindlichen Busch- und Stangenbohnen, Mais, Brokkoli und Chicorée
Schwarzer Holunder, Robinien und Roggen blühen	Frühsommer	durch Mulchen die Verdunstung des Bodens herabsetzen; gute Zeit, um Gehölze durch Stecklinge zu vermehren und Herbststauden zu pflanzen
Lindenbäume blühen, die Getreidefelder werden gelb	Hochsommer	zum letzten Mal wird in diesem Jahr gedüngt, erste Mahd der Blumenwiese, gute Zeit für den Sommerschnitt der Obstbäume, von den besten Erdbeerpflanzen Ableger von der Mutterpflanze abtrennen

Pflanzensprache	Jahreszeit	Was ist zu tun?
Heide blüht und die orangefarbenen Früchte der Ebereschen (Vogelbeere) erscheinen	Spätsommer	beste Schnittzeit für immergrüne Hecken, gute Pflanzzeit für Schwertlilien, Königslilien, Madonnenlilien, Pflanzzeit für Nadelgehölze
Herbstzeitlose blüht und die Früchte vom Schwarzen Holunder sind reif	Frühherbst	Blumenwiese zum zweiten Mal mähen, Stauden teilen und pflanzen, letzter Aussaattermin für zweijährige Sommerblumen wie Bartnelke, Fingerhut, Goldlack, Marienglockenblume, Stockrose und Vergissmeinnicht, im Frühling blühenden Blumenzwiebeln pflanzen, auch Knoblauch
Früchte der Eichen und Rosskastanien sind reif und fallen herab, Herbstastern blühen	Vollherbst	zweiter guter Termin im Jahreslauf, um einen Rasen neu anzulegen, verblühte Stauden und Blumen stehen lassen! Sie schützen den Boden, bieten Insekten und anderen Kleintieren einen wichtigen Winterschutz und den Vögeln nahrhafte Samenkost, alle Tomaten abernten, grüne auf der Fensterbank nachreifen lassen, Rosen pflanzen, weil jetzt der Boden noch warm ist
Blätter fallen von Bäumen und Sträuchern	Spätherbst	frostempfindliche Pflanzen mit Reisig, Laub oder Stroh abdecken, um sie vor Frost zu schützen, spätestens jetzt Kübelpflanzen ins Winterquartier (möglichst hell und kühl) räumen
Winterweizen läuft auf, Laub der späten Apfelsortenbäume und der Eichen fällt herab	Winter = Ruhezeit	an frostfreien Tagen immergrüne Pflanzen gießen, schwere Schneelasten von Ästen und Zweigen abkehren, damit sie nicht abbrechen

Pflanzen unterstützen unsere Gesundheit

Wie gut uns ein eigener Garten, Pflanzen auf Balkon und in den Räumen tun, das erfährt jeder Gärtner tagtäglich. Doch Pflanzen entfalten noch größere, wohltuende Kräfte.

Der bengalische Philosoph und Nobelpreisträger Rabindranath Tagore (1861–1941) hat formuliert: „Dumme rennen, Kluge warten, Weise gehen in den Garten." Unzählige Studien über die gesundheitsfördernden Wirkungen drücken aus, was man im Garten – und in der freien Natur – selbst hautnah erlebt:

- Der Garten ist ein Rückzugsort und Erholungsraum, er reduziert Stress, lässt uns „abschalten" und Kraft tanken.
- Der Garten fördert die Gesundheit, da er zu aktiver Bewegung an der frischen Luft einlädt.
- Der Garten ermöglicht Kontakt zur Natur, zu den Pflanzen und Tieren. Das fördert Empathie.
- Der Garten hilft, eigene Fähigkeiten und Fertigkeiten sowie eine eigene Persönlichkeit zu entwickeln.
- Im Garten kann man selbstangebaute Früchte, Kräuter und Gemüse ernten, das fördert eine gesunde, nachhaltige Ernährung.

Der Garten fördert auf vielfältige Weise unser Wohlbefinden durch Anregung aller Sinne. Das Wesentliche im Garten sind die Pflanzen – ohne sie wäre ein Garten kein Garten, ohne sie würden auch keine Vögel, Igel und andere heimischen Tiere rund um unser Zuhause auftauchen. Erst die Pflanzen machen den Garten zum Garten. Darum verdanken wir den Pflanzen all die positiven Wirkungen, die wir im Garten erfahren. Wissenschaftliche Studien zeigen, dass der Erholungswert umso höher eingeschätzt wird, je mehr natürliche Elemente im Garten vorhanden sind – wichtig sind die Pflanzen, weniger die Gartenmöbel und der Grill.

Garten-Tipp: Natur macht glücklich

Menschen in einem naturnah gestalteten Garten drücken am häufigsten aus, dass ihr Garten sie wie ein Paradies erfrischt und glücklich macht. Vielleicht mögen Sie dies ja als Anregung nehmen und bei der Wahl der Pflanzen vermehrt auf heimische Bäume und Wildsträucher, Stauden, Blumen und Gräser setzen. Gestalten Sie Ihren Garten so, dass Sie sich darin wohlfühlen und positive Gefühle erleben. Studien verraten auch, was das Wohlbefinden im Garten eindeutig stört und die Gesundheit beeinträchtigt: Lärm und üble Gerüche. Entsorgen Sie darum konsequent alle lauten und stinkenden Gartengeräte – das würden sicherlich auch die Pflanzen und Tiere begrüßen.

Jedes Mal, wenn Sie sich im Garten zwischen den Pflanzen aufhalten – zwischen Büschen und Blumenrabatten, zwischen Beerensträuchern und Gemüsebeeten oder zwischen welchen Pflanzen auch immer –, berühren Sie sie immer wieder, atmen Sie die verschiedenen Pflanzendüfte ein und kommen Sie mit den Pflanzensäften in Kontakt. Ihr Tun nehmen die Pflanzen ihrerseits wahr. Da Pflanzen Lebewesen sind und keine tote Materie wie ein Gartenstuhl oder Spaten, muss bei jeder dieser Begegnungen ein Austausch und ein Miteinander stattfinden, eine Reaktion von Ihnen zur jeweiligen Pflanze und von der Pflanze zu Ihnen. Vielleicht mögen Sie im Garten eine Pflanze auswählen, vielleicht Ihre Lieblingspflanze, und sich ein bisschen mehr mit ihr befassen, sie ein bisschen besser kennenlernen und sich mit ihr verbinden. Dabei ist mit Kennenlernen nicht das Wissen aus Gartenbüchern gemeint, sondern das Wesen der Pflanze. Vielleicht mögen Sie die Pflanze mit einem weichen, ja man könnte sagen liebenden Blick betrachten, die Äste und Zweige, die Blätter und Knospen, die Blüten und Früchte, von unten nach oben und von oben nach unten, sodass Sie die ganze Pflanze erfassen, jedes feinste Detail. Vielleicht mögen Sie dann eine kleine Zeichnung anfertigen – beim Zeichnen wird der Blick noch ein bisschen schärfer, feiner und genauer. Vielleicht mögen Sie dann auch ein bisschen meditieren: Schauen Sie die Pflanze wohlwollend an und wenn Sie ihr Bild ganz in sich aufgenommen haben, schließen Sie die Augen und lassen Sie das Bild der Pflanze in Ihr Inneres sinken. Vielleicht kommen Ihnen nun ein paar Impulse, ein paar Gedanken in dieser Verbindung mit der Pflanze. Vielleicht mögen Sie sogar der Pflanze ein paar Fragen stellen …

Die Mediziner Samuel Hahnemann und Edward Bach haben intensiver mit Pflanzen kommuniziert. Vor allem Bach hat dadurch die 38 heilenden Bachblüten gefunden.

Wie Samuel Hahnemann mit Pflanzen kommunizierte

Da ihm die damals übliche Heilpraxis mit vielen hochgiftigen Substanzen wie Quecksilber nicht zusagte, hat der deutsche Mediziner Samuel Hahnemann (1755–1843) nach seinem Studium nicht als Arzt gearbeitet. Stattdessen lernte er in der Apotheke seines Schwiegervaters, wie man Arzneimittel herstellt, und er übersetzte medizinische Fachliteratur. 1790 zweifelte er bei der Übersetzung des zweibändigen Arzneimittellehrbuchs „Abhandlung über die Materia Medica“ des bekannten schottischen Mediziners William Cullen, dass Chinarinde wegen ihrer durch die Bitterstoffe hervorgerufenen Stärkung des Magens gegen Malaria wirke. Da Bitterstoffe in vielen Pflanzen enthalten sind, die aber nicht bei Malaria wirken, mutmaßte Hahnemann, dass die heilende Wirkung der Chinarinde mit der Pflanze an sich zu tun hat. Mutig und wissbegierig nahm er, ohne an Malaria erkrankt zu sein, noch im selben Jahr an mehreren Tagen Chinarinde zu sich. Er beobachtete an sich, dass die Einnahme von Chinarinde zu ähnlichen Symptomen mit wechselnden Fieberschüben führt wie die eigentliche Krankheit. Setzte er Chinarinde ab, verschwanden alle Symptome. In seinem ersten Bericht über diesen Selbstversuch folgerte er, dass wohl Chinarinde nur deshalb gegen Malaria hilft, weil es bei Gesunden zu vergleichbaren Symptomen führt. Erst 30 Jahre später wurde das malariawirksame Chinin aus der Chinarinde gefunden und isoliert.

Hahnemann erinnerte sich während dieser Selbstversuche, dass er schon in den antiken Schriften von Hippokrates und Paracelsus gelesen hatte: *similia similibus curantur*, auf Deutsch: Ähnliches werde mit Ähnlichem geheilt. Die alte Idee war neu geboren, der sich Hahnemann auf der Suche nach wirksamen Heilmitteln widmete: Er untersuchte unzählige Inhaltsstoffe von Pflanzen, probierte Brennnesseln ebenso aus wie Kaffee und beobachtete die entstehenden Symptome. Dann wendete er diese bei Patienten mit ähnlichen Krankheitszeichen an und beobachtete wieder: Die Verbrennungen verursachende Brennnessel (Urtica) linderte Verbrennungen, der belebende Kaffee (Coffea) hilft gegen Nervosität und lässt besser schlafen. Um keinen Schaden durch die Arzneimittel anzurichten, verabreichte Hahnemann immer stärkere Verdünnungen – und siehe da: Die Arzneimittel wirkten sogar umso besser, je verdünnter (potenzierter) sie waren. Das war die Geburtsstunde der Homöopathie (altgriech. *homoios* = auf Deutsch: ähnlich, altgriech. *pathos* = Leiden).

Hahnemann selbst fand 119 verschiedene pflanzliche Heilmittel. Er war ein Praktiker, der Pflanzen zu sich nahm, beobachtete und daraus seine Schlüsse für Heilmittel zog. Heutzutage gibt es über 3.000 verschiedene anerkannte homöopathische Heilmittel, die von vielen Menschen wegen ihrer Heilwirkungen eingesetzt werden. Gleichzeitig wird immer wieder die Wirksamkeit homöopathischer Mittel wissenschaftlich bestritten. Aber: Es gab und gibt bekanntlich ja noch so viel mehr auf der Erde, was der Wissenschaft (noch) nicht bekannt war und ist.

Für viele Menschen zeigen homöopathische Mittel eindeutig heilende Wirkungen, da sie die Selbstheilungskräfte des Körpers anregen und unterstützen. Und darauf kommt es ja schließlich an.

Wie Edward Bach mit Pflanzen kommunizierte

Während sich Samuel Hahnemann mit den Inhaltsstoffen der Pflanzen und ihren Wirkungen beschäftigte, befasste sich der englische Arzt Edward Bach (1886–1936) über 100 Jahre später mit dem Wesen der Pflanzen. Zunächst fand er Gefallen daran, seine aus Darmbakterien hergestellten Impfstoffe nach der Methode von Hahnemann potenziert anzuwenden, er nannte sie Nosoden. Seiner guten Beobachtungsgabe entging nicht, dass zahlreiche Krankheiten mit bestimmten seelischen Persönlichkeitstypen und Reaktionsweisen der Menschen zusammenhängen – heute nennt man diesen Zusammenhang zwischen Psyche und Körper psychosomatisch. Dank seiner tiefen Verbundenheit mit der Natur fiel ihm zudem auf, dass die Pflanzenarten unterschiedlich schwingen, je nach Wuchsort, Blütezeit, Blütenform und anderen Faktoren. Er brachte diese Wesenheiten von Menschen und Pflanzen zusammen und suchte nach Ähnlichkeiten, gemäß dem Gedanken „Ähnliches werde mit Ähnlichem geheilt".

1928 fand er tatsächlich die ersten drei Pflanzen, deren Schwingungen er verschiedenen Psychen zuordnen konnte: Das Drüsige Springkraut (Impatiens) dem ungeduldigen Charakter, die Gefleckte Gauklerblume (Mimulus) dem ängstlichen Charakter und die Gewöhnliche Waldrebe (Clematis) dem realitätsflüchtenden Charakter. Aus diesen Pflanzen stellte er homöopathische Heilmittel her, die er so erfolgreich einsetzte, dass er unermüdlich weiter unter den Pflanzen seiner Heimat nach heilenden Wesensverwandtschaften suchte – und fand: 1930 entdeckte er Kleiner Odermennig (Agrimony, harmoniebedürftig), Gewöhnliche Wegwarte (Chicory, besitzergreifend), Echtes Eisenkraut (Vervain, Weltverbesserer), Echtes Tausendgüldenkraut (Centaury, willenlos), Bleiwurz (Cerato, unsicher) und Einjähriger Knäuel (Scleranthus, unschlüssig). Mit den im folgenden Jahr entdeckten Pflanzen Bitterer Fransenenzian (Gentian, voller Zweifel), Gewöhnliches Sonnenröschen (Rock Rose, extrem ängstlich) und Wasserfeder (Water Violet, innerlich zurückgezogen) gab es 1931 die ersten zwölf Bachblüten, die Bach die „Zwölf Heiler“ nannte. 1933 und 1934 kamen die „Sieben Helfer“ dazu: Gewöhnlicher Stechginster (Gorse, resigniert), Heidekraut (Heather, bedürftig), Stiel-Eiche (Oak, niedergeschlagen), Olivenbaum (Olive, ausgelaugt), Quellwasser (Rock Water, starr vor Selbstdisziplin), Echte Weinrebe (Vine, rechthaberisch) und Wald-Trespe (Wild Oat, unschlüssig). 1935 war Bach so sensibel für die Schwingungen der Pflanzen, dass er sein System aus bisher 19 heilenden Bachsubstanzen um weitere 19 Blütenmittel ergänzen und vervollständigen konnte. Nun konnte er die gefundenen heilenden Blütenmittel den verschiedenen seelischen Stimmungen zuordnen, wie er es sich ganz zu Beginn seiner Suche vorgestellt hatte.

Garten-Tipp: Bachblüten im Garten

Unterschiedliche Stimmungen Ihres Gemüts kennen Sie sicherlich, manche kommen und gehen, andere gehören vielleicht zu Ihrem Wesen oder dem der Menschen in Ihrem Umfeld. Informieren Sie sich über verschiedene Bachblüten, die Edward Bach geholfen haben. Wenn Sie gelassener sein wollen, pflanzen Sie vielleicht eine Kirschpflaume an Ihrem Sitzplatz, wenn Ihre Gedanken oft um Ihre Vergangenheit kreisen, lockt Sie vielleicht der herrliche Duft der wunderschönen Blüten des Echten Geißblatts ins Hier und Jetzt Ihres Gartens, und wenn Sie sich zu viele Sorgen machen, schenkt Ihnen ein Beet mit Echtem Eisenkraut Erdung. So können Sie die Pflanzen in Ihrem Garten ansiedeln, die Ihnen guttun und so die heilenden Schwingungen der Pflanzen mit allen Sinnen aufnehmen. Installieren Sie auch eine kleine Quelle, einen Brunnen oder Bachlauf mit plätscherndem Wasser: Das Wasser bringt strenge oder starre Ansichten und Lebensmuster als Rock Water zum Fließen. Vielleicht mögen Sie auch auf den Spuren Ewald Bachs wandeln und das Wesen der Pflanzen erkunden, die in Ihrem Garten oder rundherum in der freien Natur wachsen.

Visuelle Pflanzenbotschaften

Für uns Menschen ist der Sehsinn der wichtigste Sinn, über die Augen bekommen wir die meisten Informationen unserer Umgebung – und darauf reagieren wir auch am stärksten.

So werden beispielsweise Texte in Zeitungen, Magazinen, Büchern, auf Internetseiten und Plakaten viel schneller und häufiger gelesen, wenn sie mit einem Bild als optischen Appetitmacher begleitet werden. Visuelle Kommunikation ist unser Ding.

Was nehmen wir optisch von Pflanzen wahr? Pflanzen sind vor allen Dingen grün – und die grüne Farbe hat eine ganz besondere Wirkung auf unser Gehirn. Jede Farbe hat eine bestimmte Wellenlänge und Energie, die wir wahrnehmen – die von Grün liegt im Bereich von 490 bis 570 Nanometer (genauer von Bläulichgrün mit einer Wellenlänge von 490 Nanometer bis zu Gelblichgrün mit einer Wellenlänge von 570 Nanometer). Tatsächlich ist Grün rundum gut für das Gehirn. 2019 wurden in Mannheim im Rahmen einer Studie des Instituts für Psychiatrie und Psychotherapie der Universität Heidelberg Menschen über eine App nach ihrer Stimmung befragt, dazu wurde auch über die jeweiligen Standorte der Menschen festgehalten, wie viel Grün sie in ihrem Lebensumfeld täglich sehen. Und siehe da: Je grüner, umso glücklicher waren die Menschen.

Grün macht glücklich – und städtisches Grün ist, so haben Hirnforscher herausgefunden, vor allem wichtig für seelisch labile Menschen. Die Realität bestätigt dies, denn die Häufigkeit durchweg aller psychischen Erkrankungen liegt in Städten um ein Vielfaches höher als in ländlichen Gebieten.

Grün ist die Botschaft der Pflanzen an uns. Grün wirkt beruhigend auf uns, Grün entspannt uns geistig und körperlich, Grün hilft gegen Ängste und Nervosität, Grün macht uns glücklicher und optimistischer, Grün regt die Kreativität an, Grün lindert Trauer, Kummer und Wut, Grün schenkt uns inneren Frieden und Harmonie, Ruhe und Sicherheit. Wir Gärtner wissen das und umgeben uns, überall wo wir sind, mit lebendigem Grün – mit Pflanzen im Garten, auf Balkon und Terrasse, in der Wohnung und am Arbeitsplatz.

Pflanzen erzählen vom Boden

Neben den Zier- und Obstgehölzen, Stauden, Blumen, Gemüsen und Kräutern in Ihrem Garten, die Sie nach Ihren persönlichen Vorlieben und Wünschen angesiedelt haben, machen sich auch viele Wildkräuter breit. Sie gelangen mit dem Wind, Ihren Schuhsohlen oder im Gefieder der Vögel in den Garten oder waren schon immer dort. Oft werden diese Wildpflanzen als „Unkraut" entfernt, weil man sie partout nicht haben will. Das ist einerseits schade, weil mit den wilden Pflanzen auch manche wilden Tiere wie etwa Schmetterlinge auftauchen. Andererseits haben Ihnen viele dieser Wildpflanzen etwas zu sagen: Sie geben Ihnen als Zeigerpflanzen wertvolle Auskünfte über Ihren Gartenboden. Denn viele Wildpflanzen gedeihen nicht überall, sondern nur auf ganz bestimmten Böden.

Dieses Wissen anzuzapfen geht ganz einfach, indem Sie die heimischen Blumen kennenlernen – zum Beispiel mit dem Buch „Wird das was oder kann das weg?" oder einem Pflanzen-Naturführer (Kosmos). Dann brauchen Sie sich nur noch umschauen, welche Wildblume sich an welcher Stelle im Garten von selbst ansiedelt – und schon erfahren Sie mehr über den Boden. So helfen Ihnen die Zeigerpflanzen auch bei der Auswahl standortgerechter Pflanzen: Schließlich macht es wenig Sinn, dort eine magere Blumenwiese anzulegen, wo Sie gerade Giersch geerntet haben. Auch im Rasen geben diese wilden Zeigerpflanzen gute Hinweise auf Gieß- und Düngepraxis.

Das sagen Zeigerpflanzen über den Boden

Pflanze	Boden
Giersch *(Aegopodium podagraria)* Persischer Ehrenpreis *(Veronica persica)* Vogelmiere *(Stellaria media)*	guter Boden in Bezug auf Bodenstruktur, Humusgehalt, Nährstoffversorgung und Wasserhaushalt
Kleiner Wiesenknopf *(Sanguisorba minor)* Reiherschnabel *(Erodium cicutarum)* Weiße Lichtnelke *(Silene alba)*	sandig bis steiniger, trockener und eher magerer, humusarmer Boden
Klatsch-Mohn *(Papaver rhoeas)* Königskerze (*Verbascum*-Arten) Wiesen-Schafgarbe *(Achillea millefolium)*	sandiger bis steiniger, trockener, aber humoser Boden
Brennnessel (*Urtica*-Arten) Franzosenkraut *(Galinsoga parviflora)*	feuchter, nährstoffreicher Boden mit recht hohen Anteilen an Humus und Lehm
Acker-Minze *(Mentha arvensis)* Acker-Schachtelhalm *(Equisetum arvense)* Breit-Wegerich *(Plantago major)* Gänse-Fingerkraut *(Potentilla anserina)* Knöterich (*Polygonum*-Arten) Kriechender Hahnenfuß *(Ranunculus repens)* Kriech-Quecke *(Elymus repens)*	feuchter, evtl. sogar staunasser Boden mit hohem Tonanteil, der zum Verdichten neigt
Hirtentäschelkraut *(Capsella bursa-pastoris)* Löwenzahn *(Taraxacum officinale)* Melde (*Atriplex*-Arten) Schöllkraut *(Chelidonium majus)* Taubnessel (*Lamium*-Arten) Weißer Gänsefuß *(Chenopodium album)* Zaunwinde *(Calystegia sepium)*	nährstoff-, vor allem stickstoffreicher Boden
Acker-Hundskamille *(Anthemis arvensis)* Frühlings-Hungerblümchen *(Erophila verna)* Kleiner Wiesenknopf *(Sanguisorba minor)* Weiße Lichtnelke *(Silene alba)* Wilde Möhre *(Daucus carota)* Wildes Stiefmütterchen *(Viola tricolor)*	nährstoffarmer, magerer Boden

Duftende Pflanzenbotschaften

Neben dem Grün und den schönen Blüten, Blättern, Früchten und Wuchsformen verströmen viele Pflanzen intensive Düfte, die auch wir mögen.

Viele dieser Pflanzendüfte, die auch auf uns Menschen wirken – ein Blick auf die Eaux de Parfums, Eaux de Toilettes und anderen Duftprodukte in den Parfümerien bestätigt dies –, basieren auf ätherischen Ölen. Sie entfalten verschiedene heilsame Wirkungen auf Geist, Seele und Körper. Düfte erreichen uns auf der Gefühlsebene, jedes Duftmolekül, das wir einatmen, trifft wie ein Blitz im Limbischen System unseres Gehirns ein. Das Limbische System ist ein sehr alter Teil unseres Gehirns, der für überlebenswichtige Dinge wie Hunger und Durst, Kälte- und Wärmewahrnehmung sowie Sexualität auch für die Gefühle zuständig ist. So wecken Düfte Emotionen auf. Manche Düfte setzen dort das Glückshormon Serotonin frei, andere wirken eher auf die linke Gehirnhälfte und fördern Konzentration oder auf die rechte Gehirnhälfte und regen die Kreativität an. Manche Düfte haben eine beruhigende und entspannende Wirkung auf Herz und Kreislauf, andere eine anregende.

Duftpflanzen schenken uns duftenden Botschaften, die wir nicht mit dem Verstand, aber mit Herz, Seele und Geist verstehen. Und diese Botschaften können Sie sich in Ihren Garten holen, indem Sie die passenden Duftpflanzen wählen: Anregend wirken Oregano und Ysop, für Beruhigung sorgen Baldrian, Lavendel, Johanniskraut, Duftrosen und Zitronen-Melisse, das Gedächtnis verbessert Koriander, für Stimmungsaufhellung sind Estragon, Ginster und Jasmin zu empfehlen, konzentrationsfördernd wirken Zitruspflanzen, und Rosmarin macht munter. Und für einen angenehmen Schlaf pflanzen Sie Nachtdufter vor Ihr Schlafzimmer: Wald-Geißblatt, Mondwinde und Nachtjasmin (*Cestrum nocturnum* im Kübel).

Mit Pflanzen in Kontakt kommen

Manche Menschen haben ein besonderes Händchen für Pflanzen: Ihre Pflanzen gedeihen prächtig, blühen üppig und liefern erstklassige Ernten.

Man nennt diese besondere Fähigkeit gern „grüner Daumen" – doch eigentlich geht es weniger um einen grünen Daumen als um grüne „Ohren". Denn als Lebewesen nehmen Pflanzen durchaus wahr – auch wenn wissenschaftlich (noch) nicht erwiesen ist, wer mit ihnen eine gute intuitive Verbindung pflegt und in gutem Kontakt ist.

Mit Pflanzen sprechen

Es gibt etliche Menschen, die mit ihren Pflanzen sprechen – auch Prinz Charles soll dazugehören. Vielleicht reden die Menschen in England, die ja gern als ein wenig verschroben gelten, besonders viel mit ihren Pflanzen: Ich stelle mir vor, wie großbehütete Damen und englische Herren sich zu ihren Pflanzen wenden und ihnen bei Nieselregen mit britischem Humor vom herrlichen Wetter erzählen oder von der nachmittäglichen Tea Time. Vielleicht ist etwas dran, dass die Pflanzen es mögen, wenn man mit ihnen redet, schließlich gilt England ja als das Land der besonders schönen Gärten …

Laut Umfragen sollen bei uns fünf von 20 Frauen mit ihren Zimmerpflanzen reden, bei den Männern ist es nur einer von 20. Vielleicht spüren diese Frauen intuitiv, dass Pflanzen für die 250-Hertz-Tonhöhe weiblicher Stimmen sensibel sind (siehe S. 61)?

Ich könnte mir gut vorstellen, dass Sie tatsächlich Ihren Pflanzen richtig guttun, wenn Sie den Blättern reichlich und mit wenig Abstand gut zureden: Schließlich atmen Sie dabei jede Menge Kohlenstoffdioxid aus – und den brauchen die Pflanzen für eine gute Fotosynthese und gute Zuwächse. Bei Tomatenpflanzen ist dieser Versuch schon wissenschaftlich erfolgreich gelungen. Probieren Sie es doch einfach selbst aus! Schaden kann es nicht – und falls jemand meint, Sie hätten einen Dachschaden, dann haben Sie ja ein gutes Argument zur Stelle.

Pflanzen berühren

Es gibt auch Menschen, die regelmäßig ihre Pflanzen berühren, über die Blätter streifen oder auf deren Unterseite schauen. Haben Sie gewusst, dass Sie durch diese Berührungen die Abwehrkräfte Ihrer Pflanzen gegen Insekten und Pilzkrankheiten stärken? Das tun Sie nämlich tatsächlich. US-Forscher fanden bei Versuchen mit ihrer Lieblingspflanze Acker-Schmalwand *(Arabidopsis thaliana)* heraus, dass diese bei häufigem Berühren zwar langsamer wachsen – aber gleichzeitig auch den 2,5-fachen Gehalt an Jasmonsäure gegenüber unberührten Pflanzen aufweisen. Erinnern Sie sich? Jasmonsäure (siehe S. 21) führt innerhalb der Pflanze dazu, dass die Pflanze vermehrt bittere und ungenießbare Substanzen als Fraßschutz in die Blätter und anderen Pflanzenteile einlagert. So einfach können Sie durch Streicheln Ihre Pflanzen stärken.

Garten-Tipp: Schneiden ohne Schere

Das geht tatsächlich. Pflanzen nehmen wahr, wenn sie berührt werden. Sie können durch regelmäßiges Streicheln der obersten Pflanzentriebe auch erreichen, dass Ihre Pflanzen nicht höher als gewünscht werden. Im professionellen Anbau von Basilikum etwa sorgen Bürsten dafür, dass die Pflanzen niedrig und kompakt bleiben.

Gärtnern aus Pflanzensicht

Ein Garten liegt in Menschenhand – und wie verschiedene diese Hände gärtnern, wird in der Vielfalt der Gärten sichtbar. So wachsen im Garten neben den bewusst gesetzten Büschen, Blumen, Gemüsen und anderen Nutzpflanzen auch mehr oder weniger wilde

Pflanzen, die von allein in den Garten gekommen sind. Vielleicht mögen Sie, bestärkt durch das neue Wissen über Pflanzen, dem „Unkraut“ eine Daseinsberechtigung zusprechen und auf die Abwehrkräfte der Pflanzen setzen. Vielleicht mögen Sie sich ja auch in die eine oder andere Pflanze hineinversetzen und dank der Pflanzensprachkenntnisse spüren, ob sie sich wohlfühlt oder vielleicht einen anderen Platz oder andere Pflanzennachbarn benötigt. Vielleicht mögen Sie die Pflanzen dort wachsen lassen, wo sie von allein gedeihen. Und vielleicht spüren Sie nun, wo die Pflanzen zu Partnern geworden sind, noch mehr deren wohltuende Wirkung auf die Seele, gerade in stressigen Zeiten.

Garten-Tipp: Gärtnern mit Intuition

Die Intuition ist für uns Menschen ein wichtiger Empfänger. Mit diesem Empfänger können Sie Botschaften von allen Lebewesen empfangen, von anderen Menschen ebenso wie von Pflanzen und Tieren, und so mit ihnen kommunizieren. Pferdeflüsterer und Menschen mit grünem Daumen können dies bezeugen. In jedem Menschen, auch in Ihnen, schlummert diese Fähigkeit. Die Intuition können Sie trainieren: Sie kann nur wahrgenommen werden, wenn der Geist und der Verstand – nicht der Körper – in der Stille und Ruhe ist. Gönnen Sie sich im Garten diese Momente und verbinden Sie sich dabei mit den Pflanzen rundherum. Lauschen Sie der Stimme Ihres Herzens. Intuition drückt sich gern durch einen plötzlichen Impuls aus Ihrem Innern aus – und diesen Impuls haben Sie vielleicht aus der Verbindung mit den Pflanzen empfangen. Folgen Sie diesem Impuls und tun Sie das, was Sie intuitiv wahrnehmen. Je länger Lebewesen miteinander kommunizieren, umso besser sind Sender und Empfänger aufeinander eingestellt. Botschaften werden passgenauer gesendet, die Kanäle sind feiner justiert und die Wahrnehmung ist geschärft. Das gilt auch für Sie und Ihre Gartenpflanzen. Verweilen Sie oft in Ihrem Garten, in der Aura der Bäume, zwischen Beerenbüschen und Blumenbeeten, zwischen Kräutern und Gemüsen. Je öfter Sie unter den Pflanzen sind, umso mehr bekommen Sie mit, wie es den Pflanzen geht, was sie brauchen und was nicht.

Zum Weiterlesen

- Chamovitz, Daniel: **Was Pflanzen wissen** – Wie sie hören, schmecken und sich erinnern, Goldmann
- Coccia, Emanuele: **Die Wurzeln der Welt** – eine Philosophie der Pflanzen, Carl Hanser
- Koechlin, Florianne: **Schwatzhafte Tomate, wehrhafter Tabak** – Pflanzen neu entdeckt, Lenos
- Mancuso, Stefano: **Pflanzenrevolution** – Wie die Pflanzen unsere Zukunft erfinden, Antje Kunstmann
- Mancuso, Stefano und Viola, Alessandra: **Die Intelligenz der Pflanzen**, Antje Kunstmann
- Molenkamp, Felicia: **Pflanzengeflüster** – Wie und warum Pflanzen kommunizieren. Eine kurze Geschichte der Evolution der Pflanzen, AT

Wer sich tiefergehend mit der Kommunikation von Pflanzen beschäftigen möchte, dem seien die Arbeiten von Dr. František Baluška, Institut für Zelluläre und Molekulare Botanik (IZMB) der Universität Bonn, und Prof. Dr. Stefano Mancuso, Institut für Agrar-, Lebensmittel-, Umwelt- und Forstwissenschaften und -technologien (DAGRI) der Universität Florenz, empfohlen. Die beiden forschen auf dem Gebiet der Pflanzenneurobiologie und sind Gründungsmitglieder der Gesellschaft für Pflanzenneurobiologie (International Society for Plant Signaling & Behavior, https://www.plantbehavior.org/).
Über aktuelle Forschungen berichten die Fachjournale „Plant Signaling & Behaviour" (12 Ausgaben pro Jahr) und „Communicative & Integrative Biology" (6 Ausgaben pro Jahr). Mag. phil. Christina Schöftner stellt in ihrer Diplomarbeit „Musik und Pflanzen" (Universität Wien, 2013) die Phytomusikologie auf den Prüfstand.
Wer sich für neueste Erkenntnisse und Ergebnisse aus dem weiten Feld der Pflanzenforschung interessiert, dem sei die vom Bundesministerium für Bildung und Forschung geförderte Internetseite www.pflanzenforschung.de empfohlen.

Register

Tierfreundlich leben & gärtnern

144 Seiten, ca. € (D) 15,00

Insekten sind spannend und sie brauchen unseren Schutz. Dieses Buch wirft den Blick auf die besonders faszinierenden Seiten des Insektenlebens. Wie verhalten sie sich? Wie vermehren sie sich? Wie sehen ihre Jagdstrategien aus? Bärbel Oftring erklärt alles Wissenswerte zu 200 Insektenarten. Detaillierte Fotos zeigen nicht nur die Entwicklungsstadien und wichtige Bestimmungsmerkmale, sondern auch erstaunliche Szenen der Flugkünstler bei der Jagd. Außerdem findet man hier viele Tipps, wie man einzelnen Arten helfen und schützen kann. Ein etwas anderer Naturführer – für alle Insektenfreunde und solche, die es werden wollen.

144 Seiten, ca. € (D) 15,00

Ob im Garten, auf dem Balkon oder auf dem Weg zur Arbeit: Begegnungen mit Wildvögeln erleben wir fast täglich. Dieses Buch bietet die Möglichkeit, die Bekanntschaft mit unseren gefiederten Gästen mühelos zu vertiefen, bis hin zum spielerischen „Stimmtraining". Zugvogel oder standorttreu? Höhlenbrüter oder Nestbauer? Sachkundig und zugleich unterhaltsam präsentiert Bärbel Oftring alles Wichtige und Interessante zu 95 häufigen Gartenvögeln. Zu jeder Art kann man sich die Rufe und Gesänge über die kostenlose KOSMOS-PLUS-App anhören. Eselsbrücken und Merkreime helfen dabei, sich die Vogelstimmen nachhaltig einzuprägen. Auch wer Vögel schützen und artgerecht füttern will, findet hier nützliche Tipps.